21 世 纪 高 职 高 专 规 划 教 材

计算机应用系列

计算机网络与数据库应用技术

田庚林 编著

清华大学出版社

北 京

内 容 简 介

本书是根据高职高专文科管理类、营销类专业的岗位技能需求编写的,介绍计算机网络与数据库基础知识与基本应用的教材。

本书共分 9 章,主要内容包括计算机网络的基本概念、简单计算机网络的搭建与维护、简单网络服务器的搭建、数据库的基本概念、数据库的基本操作、SQL 语言、视图、简单数据库应用系统开发、综合实训。

本书内容简单实用,主要用做文科管理类、营销类专业教材,也可以作为自学教材和其他专业的参考书。

图书在版编目(CIP)数据

计算机网络与数据库应用技术/田庚林编著. —北京:清华大学出版社,2011.1
(21 世纪高职高专规划教材.计算机应用系列)
ISBN 978-7-302-24330-4

Ⅰ. ①计… Ⅱ. ①田… Ⅲ. ①计算机网络－高等学校:技术学校－教材 ②数据库系统－高等学校:技术学校－教材 Ⅳ. ①TP393 ②TP311.13

中国版本图书馆 CIP 数据核字(2010)第 249182 号

责任编辑:刘 青
责任校对:袁 芳
责任印制:李红英

出版发行:清华大学出版社	地 址:北京清华大学学研大厦 A 座	
http://www.tup.com.cn	邮 编:100084	
社 总 机:010-62770175	邮 购:010-62786544	
投稿与读者服务:010-62776969,c-service@tup.tsinghua.edu.cn		
质 量 反 馈:010-62772015,zhiliang@tup.tsinghua.edu.cn		

印 刷 者:北京市人民文学印刷厂
装 订 者:三河市兴旺装订有限公司
经 销:全国新华书店
开 本:185×260 印 张:14 字 数:333 千字
版 次:2011 年 1 月第 1 版 印 次:2011 年 1 月第 1 次印刷
印 数:1～4000
定 价:23.00 元

产品编号:040581-01

前　言

　　在高职高专教学中,文科类专业一般都会开设"计算机文化基础"之类的课程。虽然在该课程中包含了方方面面的计算机知识,但真正能够在工作中应用的其实只有 Word、Excel 和 PowerPoint。许多专业建设负责人一直在考虑如何在专业教学中加强计算机方面的教学。因为工作环境中有计算机网络,有的专业为学生开设了"计算机网络"课程;因为工作环境中业务数据的处理使用了数据库,有的专业为学生开设了"数据库原理与应用"方面的课程;有些专业还为学生开设了程序设计类课程。且不说课程内容是否是针对这些专业岗位需要的,由于这些课程有很强的专业性,对于缺少计算机专业基础的文科类学生,不仅学得困难,而且也没有多大兴趣。

　　针对这些困扰,一些专业建设负责人提出了希望根据管理类、营销类岗位中的计算机网络、数据库工作环境,开设一门计算机网络与数据库应用技术方面的课程,以培养学生对计算机网络的基本配置和维护技能,以及数据库的基本数据操作技能。

　　本书就是基于这些专业的需求进行编写的,以"有用、够用、会用"的指导思想组织课程内容。"有用"是指课程的内容在工作中能够用得上;"够用"是指课程的内容能够满足这些专业工作岗位中的需求;"会用"是指课程的内容能够让这些专业的学生学得会。该课程综合了计算机网络和数据库两门课程,在大量调研论证的基础上,选择了 3 部分内容:计算机网络、数据库和 ASP.NET 技术。计算机网络部分主要选择了计算机网络基础知识、计算机网络基本配置与简单故障维护、网络基本服务搭建与网站安全访问;数据库部分选择了业务系统中使用最多的 SQL Server 数据库,采用项目驱动教学方式,以一个模拟项目的需求为引领,介绍了数据库的基本设计与基本 SQL 语句的使用;考虑到数据库应用系统的需求,本书中又引入了 ASP.NET 动态网站开发技术。考虑到学生的基础和接受能力,数据库应用系统开发采用了无编码网页开发技术和模板式动态网页制作技术。

　　本书共分 9 章。第 1 章介绍计算机网络的基本概念,包括计算机网络的基本概念、分类及网络连接设备。第 2 章介绍简单计算机网络的搭建与维护,包括网络地址的概念、TCP/IP 属性配置、简单网络维护以及小型局域网的搭建。第 3 章介绍简单网络服务器的搭建,包括 Web、FTP、DNS 服务器的配置与安全 Web 网站技术。第 4 章介绍数据库的基本概念并设计了一个示例性教学项目——模拟公司业务管理系统。第 5 章介绍数据库的基本操作,包括 SQL Server 2005 的基本操作、数据库和表的创建、约束关系以及数据库的复制与附加。第 6 章介绍 SQL 语言,主要包括 Insert、Update、Delete、Select 语句以及基本查询、条件查询、连接查询、嵌套查询和相关子查询。第 7 章介绍视图,包括视图的创建及视图的应用。

第 8 章介绍简单数据库应用系统开发,包括 ASP. NET 开发工具以及无编码页面开发技术和模板式动态网页制作技术。第 9 章为综合实训。

本书第 1～8 章为课堂教学,建议学时为 48 学时,其中包含课内实践教学 16 学时。第 9 章为综合实训,建议学时为 30 学时。本书总计实践教学学时占 59%。

由于计算机技术发展、更新较快,本书包括的内容较多,书中难免有疏漏之处,望广大教师和读者给予批评指正。作者 E-mail:tiangl163@163.com。

编　者

2010 年 8 月

目　　录

第1章　计算机网络的基本概念

若每天都工作在计算机网络环境中,那么为了更好地使用计算机网络,有必要了解有关计算机网络的一些基本概念。本章主要介绍计算机网络的一些基本概念。

1.1　计算机网络的定义

计算机网络的定义有很多种。从使用者的角度看来,计算机网络主要用来解决计算机之间的通信和资源共享问题,所以比较简单的计算机网络定义是:计算机网络是利用通信线路和通信设备将多个具有独立功能的计算机系统连接起来,按照网络通信协议实现资源共享和信息传递的系统。

这个定义中包含 4 个方面的内容。

(1) 计算机网络是通过通信线路和通信设备连接起来的

通信线路是传输信息的媒介,常见的通信线路有电话线、同轴电缆、双绞线电缆、光纤、无线线路等。电话线也是双绞线,只不过电话线扭绞度低、允许的数据传输速率低。双绞线电缆一般指局域网连接中使用的 4 对双绞线电缆,这种电缆允许的数据传输速率较高。

通信设备是通信线路与计算机等数字设备之间的接口,用于完成数字数据在通信线路上的传输。常见的通信设备有音频调制解调器(Modem)、DSU/CSU(Data Service Unit/Channel Service Unit,数据服务单元/通道服务单元,数字通信线路上的数字传输设备的统称)、光纤收发器和无线接入点(Access Point,AP)等。

数据传输速率:数据传输速率是信道上单位时间内传输的数据量,单位是比特/秒。常用的表示方法是 bit/s 或 bps。

信道:由通信线路和通信设备组成。

信道带宽:信道上允许的最大数据传输速率,也称为信道容量。

实际的计算机网络是由多个逻辑网络连接在一起的。每个逻辑网络内部可以通过不同连接方式连接到多台计算机上。逻辑网络之间的连接以及逻辑网络内部连接计算机的设备称为网络连接设备。常见的网络连接设备有路由器、交换机和集线器(Hub)等。

(2) 网络中的计算机是具有独立功能的计算机系统

具有独立功能的计算机系统是指计算机可以独立地工作,也可以通过网络连接上网,但计算机对网络没有依赖性。

（3）网络中的计算机必须遵守统一的网络通信协议

计算机联网的目的是实现计算机之间的通信。要实现计算机之间的通信，所有网络内的计算机必须遵守统一的通信规则和信息表示约定，即遵守统一的网络通信协议，使用支持网络通信协议的网络通信软件进行网络通信。例如，在当前的计算机网络中，所有计算机都安装 TCP/IP 协议通信软件，表示这些计算机都按照 TCP/IP 协议工作。

（4）计算机联网的目的是实现资源共享和信息传递

计算机联网除了要实现计算机之间的通信之外，还有一个目的就是实现资源共享。在计算机网络中，共享的资源有信息软件资源和设备硬件资源。信息软件资源包括服务器上的文件、数据等；硬件资源包括服务器上的硬盘空间、网络打印设备等。

下面来看看在办公和日常生活中的计算机网络。图 1-1 是一个常见的企业办公网络环境示意图，图中的网络设备和计算机设备都是使用图标表示的，每个图标上都标注了表示的设备名称（后面的网络连接也是用这样的图标表示的）。

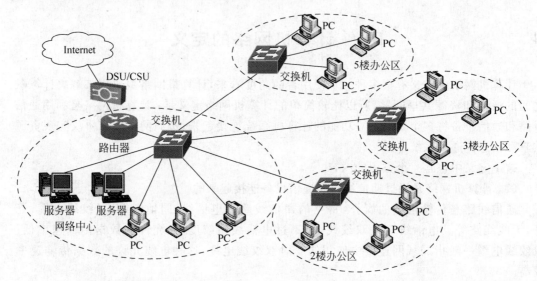

图 1-1　企业办公网络环境示意图

在图 1-1 中，所有的办公用 PC(Personal Computer，个人计算机)和企业内部使用的各种服务器(Server)都通过通信电缆连接到本楼层的交换机，再通过交换机之间的连接构成企业内部计算机网络。企业内部网络通过路由器连接到 Internet。其中通信线路有计算机和网络设备之间连接的双绞线电缆和连接到 Internet 的租用数字通信线路；通信设备是 DSU/CSU；路由器和交换机是网络连接设备。在办公网络中，所有的计算机都能够独立地工作。为了联网，所有的计算机都必须使用支持统一通信协议的通信软件。当然企业联网的目的是企业内部计算机之间相互通信（如收发电子邮件等）和共享企业内部服务器上的信息与使用 Internet 上的信息资源。

在家庭环境中，早期一般使用拨号上网。由于拨号上网的数据传输速率较低（一般在几十 Kbps 以下），现在家庭用户上网一般租用所谓的宽带线路，即 ADSL（Asymmetrical Digital Subscriber Line，非对称数字用户线路）。ADSL 线路的下行速率可以达到 8Mbps，上行速率可以达到 640Kbps。租用 ADSL 线路要按照下行速率付费，一般家庭租用 ADSL

线路速率选择在 512Kbps～2Mbps 之间。图 1-2 所示的是家庭 ADSL 上网网络连接图。

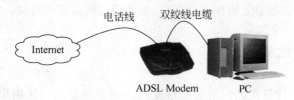

图 1-2　ADSL 网络连接

在图 1-2 中，PC 的操作系统中都包含支持 TCP/IP 通信协议的网络通信软件。PC 上需要安装以太网卡（网络通信接口）。ADSL Modem 是通信设备，完成数字信号在电话线路上的调制传输。ADSL Modem 的 RJ-45 接口通过双绞线电缆（网线、跳线）连接到以太网卡；RJ-11 接口通过电话线连接到 Internet。

随着人们生活水平的提高，在一个家庭中往往不止有一台计算机，所以在家庭计算机网络中引入了网络连接设备，目前常见的家庭网络连接如图 1-3 所示。

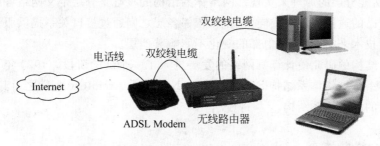

图 1-3　带网络连接设备的家庭网络

在图 1-3 中增加了一个无线路由器。无线路由器是一个网络连接设备，包括无线 AP 和路由器两部分，同时还集成了一个 4 口的交换机，可以通过网线（一般可以连接 4 个）或无线连接方式与计算机连接，然后通过 ADSL Modem 连接到 Internet。使用无线连接方式可以避免家庭环境中的网络布线，使计算机的摆放位置更加灵活，但使用无线连接的计算机上需要安装无线网卡（无线网卡内包含无线通信设备）。目前市场上的笔记本电脑中一般都配置有无线网卡。市场上的 USB 接口无线网卡使用起来也非常方便。

1.2　网络通信协议与网络体系结构

1.2.1　网络通信协议

通信就是信息的传递。在日常生活中人与人之间的语言交流、书信往来都是通信。无论哪种形式的通信，通信的双方都必须遵守统一的规则。通信双方为实现通信而制定的规则、约定与标准就是通信协议。例如，人与人之间对话时需要约定使用的语言、发言的顺序；在进行书信通信时，需要约定书信的语言、格式等。

在计算机网络中，通信的双方是计算机。为了使计算机之间能正确地通信，就必须制定严格的通信规则、约定和标准,准确地规定传输数据的格式与时序。这些为了使网络中的计算机之间能够正确通信而制定的规则、约定与标准就是网络通信协议。

1.2.2　网络体系结构

在计算机网络中,计算机之间的通信涉及的问题非常复杂。从用户提交信息开始到通过通信线路传递到对方计算机,最终交付到接收用户,这个通信过程涉及网络应用程序、网络通信程序、计算机操作系统、计算机硬件系统、网络通信接口、通信线路以及通信传输网络。要让所有的计算机都能连接到一个计算机网络中,这个网络通信协议的设计是相当困难的。即便是设计出了完美的网络通信协议,但由于计算机硬件的发展,软件系统的升级,通信网络、通信线路的变化都会影响这个通信协议的有效性,那么这个网络通信协议从一诞生就将进入永无休止的升级改造之中,从而也不可能实现具有实用价值的网络通信。

人们经过大量的研究与实践提出了"网络体系结构"的概念,即将计算机网络按照结构化方法,采用功能分层的原理来实现。网络体系结构的核心是分层定义网络各层的功能,同层之间使用自己的通信协议完成层内通信,相邻各层之间通过接口关系提供服务,各层可以采用最合适的技术来实现,各层内部的变化不影响其他层。

网络体系结构的研究使计算机网络的发展进入了一个新的阶段。1974 年 IBM 公司提出了世界上第一个网络体系结构 SNA(System Network Architecture),之后其他公司也相继提出了自己的网络体系结构。

1.2.3　OSI 参考模型

为了有一个统一的标准解决各种计算机的联网问题,1974 年国际标准化组织(International Organization for Standardization,ISO)组织了大批科学家制定了一个网络体系结构,称为开放系统互联(Open System Interconnection,OSI)参考模型。所谓"开放"就是说只要遵守OSI标准,任何计算机系统都可以连接到这个计算机网络中。OSI 参考模型如图 1-4所示。

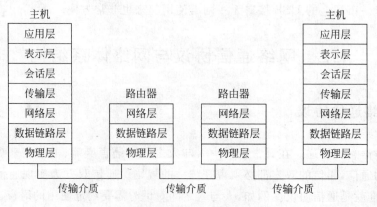

图 1-4　OSI 参考模型

OSI 参考模型将网络通信功能划分成了 7 个层次,详细地定义了各层所包含的服务,层次之间的相互关系。其中,物理层的主要功能是利用传输介质在通信网络节点之间建立物理连接、对连接进行管理和释放建立的物理连接,实现比特流的透明传输;数据链路层的主要功能是在物理层的基础上在通信实体之间建立数据链路连接,通过流量控制与差错控制实现相邻节点之间无差错的数据传输;网络层的主要功能是在通信网络中选择最佳路由;传输层的主要功能是实现端到端的可靠性数据传输;会话层的主要功能是建立和维护通信双方的会话连接;表示层的主要功能是处理两个系统中的信息表示方法;应用层的主要功能是为应用程序提供网络通信服务。

OSI 参考模型对计算机网络发展的作用是巨大的,但到目前为止市场上还没有按照 OSI 参考模型开发的产品,所以 OSI 参考模型只是一个概念性框架。

1.2.4 TCP/IP 参考模型

1969 年 11 月,美国国防部高级研究计划管理局(Advanced Research Projects Agency, ARPA)为了军事的需要开始建立一个命名为 ARPAnet 的网络。ARPAnet 对计算机网络的发展有着不可磨灭的功绩,计算机网络的许多概念和方法都源于 ARPAnet。在 ARPAnet 中使用的网络体系结构称为 TCP/IP 参考模型,它是由著名的传输层协议 TCP 和网络层协议 IP 而得名的,通常人们称之为 TCP/IP 协议。在 1973 年,ARPAnet 上的计算机节点有 40 多个;到 1983 年,ARPAnet 上的计算机节点达到了 100 多个,而且美国国防部通信局公开了 TCP/IP 协议技术内容,许多计算机设备公司都表示支持 TCP/IP 协议,所以 TCP/IP 协议就成了公认的计算机网络工业标准或事实上的计算机网络标准,目前使用的计算机网络都是按照 TCP/IP 参考模型组建的网络。图 1-5 所示的是 TCP/IP 参考模型和 OSI 参考模型的对应关系。

OSI		TCP/IP
应用层		应用层
表示层		
会话层		传输层
传输层		
网络层		互联网络层
数据链路层		网络接口层
物理层		

图 1-5　TCP/IP 参考模型和 OSI 参考模型的对应关系

TCP/IP 参考模型将网络体系结构划分成了 4 层。其最底层"网络接口层"其实并不是一个具体的功能层。TCP/IP 参考模型没有定义该层如何实现,主机在连接到 TCP/IP 协议网络时可以使用任意流行的协议,就像邮局将邮袋交给邮政转运部门一样,只要能够把邮袋送达目的地,至于是通过铁路运输还是汽车运输是没有关系的。所以在 TCP/IP 协议网络中,互联网络层以下可以是任意类型的局域网,下层网络只是传送网络数据报文的通道。正是 TCP/IP 协议网络的这种兼容性与适应性使得该网络获得了巨大的成功。

TCP/IP 参考模型的互联网络层和 OSI 参考模型的网络层对应，一般也称为网络层或互联层。该层主要完成主机到主机的通信服务和数据报的路由选择。TCP/IP 参考模型的传输层主要为网络应用程序完成进程到进程(端到端)的数据传输服务。

TCP/IP 参考模型的应用层是网络服务应用程序。网络服务应用程序中有些是人们熟知的，例如文件传输协议 FTP(File Transfer Protocol)、超文本传输协议 HTTP(Hypertext Transfer Protocol)、简单邮件传输协议 SMTP(Simple Mail Transfer Protocol)、远程登录协议 Telnet 及域名系统 DNS(Domain Name System)、简单网络管理协议 SNMP(Simple Network Management Protocol)等。当然应用层也包含用户自己开发的网络应用程序，如网络聊天、网络游戏等。

1.2.5 TCP/IP 协议网络中的数据传输过程

在如图 1-6 所示的网络中，用户甲在计算机 A 上使用网络应用程序 X 给在计算机 B 上的用户乙发送了一条信息 ok，现在来看这个 ok 数据信息是如何通过 TCP/IP 协议网络传输的。

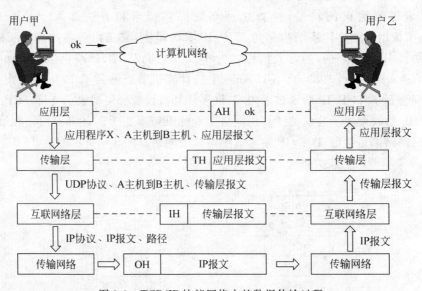

图 1-6　TCP/IP 协议网络中的数据传输过程

当用户甲确定发送信息后，应用程序 X 在 ok 数据上添加一些该程序之间的约定信息，这些协议信息称为协议报头，在应用层称为应用层报头(AH)，这个报头就像邮政信函中的信封一样。

应用层将需要传递的信息(用户数据 ok 和应用层报头 AH)作为应用层报文交给传输层，同时告诉传输层，这是应用程序 X 的通信报文，发送方是主机 A，接收方是主机 B，该报文的接收者是应用程序 X。

传输层接收到应用层报文后，根据应用程序 X 的要求，选择一种传输层协议，如 UDP 协议。传输层根据选择的协议在应用层报文外边又添加一些协议信息，例如告诉接收方传输层这个报文的接收者是应用程序 X，这些作为传输层协议报头(TH)加在应用层报文外边,形成传输层报文,就像在邮政信函通信中把信封装进一个邮袋、贴上标签一样。

传输层将传输层报文(应用层报文和传输层报头)交给互联网络层去传输,同时告诉互联网络层该报文需要按照 UDP 协议处理,接收方是计算机 B,发送方是计算机 A。

互联网络层接收到传输层报文后,又在传输层报文外面加上一个互联网络层协议报头(IH),其中包括接收方主机地址,发送方主机地址以及其他协议信息形成互联网络层报文(简称为 IP 报文),就像在邮政通信中将邮袋装进了集装箱,在集装箱外贴上了路条一样。

互联网络层将 IP 报文交给下层其他协议网络去传输,同时告诉下层网络,这是一个 IP 报文,接收方需要按照 IP 协议去处理该报文。

互联网络层告诉下层其他协议网络的信息还有 IP 报文传输的路径。TCP/IP 协议网络的互联网络层的一个重要功能就是路由选择。互联网络层在知道了目的主机地址后首先进行路由选择,检查是否有到达目的主机的路径,只有查到确实有路径可以到达目的主机时,互联网络层才将 IP 报文交给下层其他协议网络去传输。下层其他协议网络来说并不知道 TCP/IP 协议的主机地址,就像邮政部门把集装箱交给其他物流公司去运输一样,物流公司看不懂邮政编码表示的地址,只需要知道将集装箱运到哪儿去即可。由此可知,在 TCP/IP 协议网络中虽然可以让各种协议的网络为其传输 IP 报文,但它还需要知道物理网络的结构,知道经过怎样的路径传递 IP 报文。

对于下层的其他协议网络,需要根据互联网络层指示的路径传递 IP 报文。当然对于不同协议的网络具体的传递方式会有所不同,主要体现在如何准确无误地把 IP 报文传递到目的地。下层网络对于 TCP/IP 协议网络就是一个货运公司,每个货运公司会有自己的运作管理机制,但最终目的是完成货物的安全运输。下层网络中使用的网络通信协议是不同的,但下层网络的通信协议与 TCP/IP 协议网络是无关的,只是下层网络的数据传输速率(货运公司的工作效率)会影响整个网络的数据传输速率,选择一个好的下层网络(货运公司)对于提高网络的性能是很重要的。

IP 报文到达接收主机后,接收主机上的互联网络层打开 IP 报头,根据目的主机地址查看是否是应该接收的报文。核对正确后,去除互联网络层协议报头 IH,根据 IH 中指示的上层协议类型,将传输层报文交给传输层的 UDP 协议去处理。接收主机上的传输层去除传输层报头 TH,根据 TH 中指示的应用层接收程序,将应用层报文交给应用层的应用程序 X,这时计算机 B 上的用户乙就可以通过应用程序 X 看到用户甲发给他的 ok 信息了。

1.3　计算机网络的分类

计算机网络从宏观上看是一个互联在一起的物理网络,但是计算机网络一般是由无数个局部的逻辑网络组成的,就像一个国家是由无数个行政区域组成的一样。对于一个局部来说,网络的组成形式、工作方式可能是不同的。根据组成技术、工作原理可以将计算机网络划分为不同的种类,下面介绍一下简单的计算机网络分类。

1.3.1　按网络的覆盖范围分类

按照计算机网络覆盖的地理范围进行分类,可以反映不同网络的技术特征。由于覆盖不同地理范围的网络所采用的数据传输技术不同,因此就有不同的技术特点与网络服务功能。一般按网络覆盖的地理范围可以将其分成局域网、广域网和城域网。

1. 局域网

(1) 局域网的概念

局域网(Local Area Network,LAN)是使用自备通信线路和通信设备、覆盖较小地理范围的计算机网络。一般为一个单位或部门所拥有。

局域网最主要的特征是使用自备通信线路和通信设备组建计算机网络,在局域网中没有网络通信费用,网络传输速率只受通信线路和通信设备传输速率的限制,一般局域网中的数据传输速率较高,可以是公用通信网中数据传输速率的几十倍到几万倍,局域网中的数据传输速率一般是 10～10000Mbps。

在图 1-1 所示的企业办公网络环境中,路由器内侧的所有交换机及连接的计算机组成了企业内部局域网。如果该网络没有通过路由器连接到 Internet,企业内部的网络通信不需要通信费用,而且可以使用 100Mbps 以上的数据传输速率。

在图 1-3 中,由无线路由器连接的多台计算机就组成了家庭内部局域网。家庭局域网内各个计算机之间可以使用 50Mbps 以上的数据传输速率进行通信,即便 ADSL 线路断开了,也只影响计算机对 Internet 的访问,但家庭局域网内部计算机之间的通信并不受影响。

(2) 局域网技术

局域网是一种网络分类,局域网也是一种网络实现技术。在局域网技术中只包括 OSI 参考模型的物理层和数据链路层。在 TCP/IP 参考模型中局域网是一个底层传输网络。由于局域网有概念和技术的不同含义,致使局域网一词容易造成误解。

在局域网技术中,根据实现技术的不同有不同的产品类型。早期的局域网产品类型比较多,随着市场的竞争和淘汰,到目前为止占领局域网市场绝大部分份额的是以太网(Ethernet)产品,现在以太网和局域网几乎已经成了同义词,很多网络连接设备中的局域网连接端口都称为以太网端口。

2. 广域网

广域网(Wide Area Network,WAN)是租用公用通信线路和通信设备、覆盖较大地理范围的计算机网络。Internet 就是一个广域网。

由于广域网覆盖的地理范围大,可能跨地区、跨省、跨国家,所以必须租用公用通信线路。租用线路的距离越长、数据传输速率越大,通信线路费用越高。受通信费用和公用通信线路数据传输速率的限制,一般广域网中的数据传输速率较低,一般在几 Kbps 到几 Mbps 之间。

广域网是通过公用通信线路互联形成的,例如图 1-2 所示的家庭计算机联网是通过租用 ADSL 线路形成的,所以是广域网连接。其实广域网的底层大部分是局域网。例如在图 1-1 中,企业内部局域网通过租用通信线路连接到 Internet,即连接到广域网中。局域网连接到广域网之后,虽然在局域网内部可以使用 100Mbps 以上的传输速率通信,但是由于广域网连接通信线路允许的数据传输速率较低,而且所有局域网内的计算机都通过一条租用线路连接到 Internet,所以连接外网时会明显感觉到网速较慢。

3. 城域网

从地理覆盖范围的角度来看,城域网(Metropolitan Area Network,MAN)是介于局域网和广域网之间的网络。较早的时候,城域网和广域网的实现技术没有什么区别,所以在一段时间内城域网的概念几乎消失了。但在近些年,随着高速局域网的出现和光纤通信网络的普及,局域网的数据传输速率达到了10000Mbps,局域网通信距离达到了几十千米,电信运营商利用高速局域网技术和光纤线路在覆盖城市的范围内建立了提供各种信息服务业务的计算机网络,在这个网络上可以实现语音、图像、数据、视频、IP电话等多种增值服务业务,可以为城区单位组建虚拟网络。现在的城域网都覆盖了城区范围,提供各种信息服务业务的高速计算机网络是现代化城市建设的重要基础设施。当公司的办公场地分布在一个城市的不同位置时,可以通过城域网组建企业内部的虚拟局域网。

1.3.2　按网络拓扑结构分类

这是一种按照网络连接方式、网络组成结构对计算机网络分类的方法。网络拓扑结构是将网络中的实体抽象成与其大小形状无关的点,将连接实体的线路抽象成线,使用点线表示的网络结构。常见的网络拓扑结构基本种类如下。

1. 星状网络

星状拓扑结构网络是将各个节点使用一条专用通信线路和中心节点连接起来的计算机网络。星状拓扑结构网络中的任何两个节点之间的通信都需要经过中心节点。图1-7(a)所示是以交换机作为中心节点的星状网络,图1-7(b)所示是星状网络拓扑结构图。

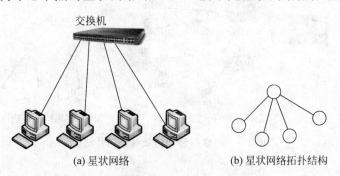

交换机

(a) 星状网络　　　　　(b) 星状网络拓扑结构

图1-7　星状网络、星状网络拓扑结构

星状网络结构简单,通信控制容易实现,便于网络的维护和管理。

2. 总线型网络

网络中的所有计算机共享一条通信线路的计算机网络称为总线型网络。图1-8(a)是总线型局域网示意图,图1-8(b)是无线局域网示意图,图1-8(c)是总线型网络拓扑结构图。

总线型网络的主要代表是总线型局域网和无线局域网。在早期的总线型局域网中,通信线路采用同轴电缆(类似有线电视电缆)。虽然在线路上既可以发送数据,也可以接收数

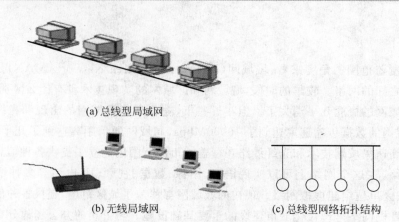

(a) 总线型局域网

(b) 无线局域网　　　　　　(c) 总线型网络拓扑结构

图 1-8　总线型网络和总线型网络拓扑结构

据,但由于只有一个信道,所以一个节点不能同时接收和发送数据。由于所有的计算机共享一条通信线路,网络中的计算机数量越多,网络的性能就越差。在总线型网络中通信线路的费用是最低的,但通信控制方法比较复杂,由于在网络中同一时刻只允许一个节点发送数据,控制节点的发言权是通信控制中的主要问题。

3．树状网络

树状网络是由星状网络组合而成的。图 1-9(a)是树状网络示意图,图 1-9(b)是树状网络拓扑结构图。在树状网络中信息交换主要是在上下节点之间进行的,同层节点之间的信息交换量较小。在网络规划中树状结构网络比较常见。

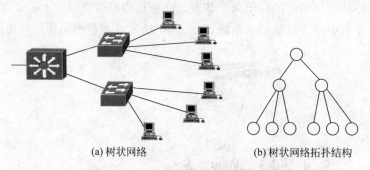

(a) 树状网络　　　　　　(b) 树状网络拓扑结构

图 1-9　树状网络和树状网络拓扑结构

4．网状网络

在网状网络中,各个节点至少有两条以上的通信线路与其他节点相连。网状网络一般只用于军事网络、公用通信网络。在网络规划中核心网络经常设计成不完全网状结构。使用网状网络主要是为了备份通信路由,保证网络不会因某条通信线路损坏而瘫痪。

1.4　网络连接设备

在计算机网络连接中,除了物理线路上的通信设备之外,还需要网络连接设备。常见的网络连接设备有如下几种。

1.4.1　集线器

常见的集线器与集线器图标如图 1-10 所示。

集线器图标

集线器

图 1-10　常见的集线器与集线器图标

集线器属于物理层网络连接设备,具备网络电缆连接和信号中继放大的作用。在早期的总线型网络中,使用同轴电缆串联若干计算机组成一个网段,网段之间的连接使用中继器,中继器就是具有信号放大作用的物理层连接设备。在集线器出现之后,集线器不仅替代了中继器,而且还使得网络连接变得方便简单。在使用集线器连接的局域网中,每台计算机使用一条双绞线电缆连接到集线器,在物理上就像是星状网络。

使用集线器连接网络非常简单,例如办公室内只有一个信息插座,如果需要连接几台计算机,只要添加一个集线器,把信息插座和各个计算机连到集线器上就可以了。

使用集线器连接网络在物理上虽然像星状网络,但逻辑拓扑还是总线型网络。在总线型网络中,所有连接在一个网段中的计算机共享一条通信线路,所以称为共享式网络。在共享式网络中同一时刻只能有一台计算机可以发送数据,网段内的计算机数量越多,大家在争用通信线路时发生冲突的概率越大,网络的性能就越差,所以在市场上有了价格非常便宜(80 元以下)的桌面交换机之后,集线器就几乎不用了。

1.4.2　交换机

常见的交换机与交换机图标如图 1-11 所示。

3层交换机图标

交换机

2层交换机图标

图 1-11　常见的交换机与交换机图标

交换机的外形和集线器类似,但是交换机是数据链路层的网络连接设备(也称为 2 层连接设备,多端口网桥)。像集线器一样,交换机具有非常方便的网络连接功能。使用交换机连接网络,各个计算机只需要使用网线连接到交换机上即可。

所谓 2 层网络连接设备,交换机是根据通信双方的物理地址(详见 2.1.1 小节内容),使用存储转发方式进行数据报文传递的设备。使用交换机连接的网络在外观上和用集线器连接的网络虽然一样,但是用交换机连接的网络无论在物理结构还是在逻辑拓扑上都是星状网络。使用交换机连接的网络称为交换式网络。在交换式网络中,连接在不同端口上的计算机两两之间可以建立起多对通信连接,就像电话交换机那样,只要目的端口是空闲的,就可以和发起通信的源端口上的计算机建立通信连接。交换式网络的性能远远好于共享式网络,所以目前在局域网中几乎都是交换式网络。

交换机的种类较多,有可配置的交换机和不可配置的交换机;有大型的工作组交换机和非常简单的桌面交换机,除了2层交换机之外,还有具备路由选择功能的3层交换机。

将共享式局域网升级到交换式局域网非常简单,只需要把集线器更换成交换机即可,不需要进行任何其他的改动。

1.4.3 路由器

路由器是网络层连接设备(也称为网关)。路由器是用于连接不同逻辑网络和提供网络间通信路由的设备。

计算机网络是一个宏观的概念,实际上在 Internet 中是由无数个逻辑网络组成的(关于逻辑网络的划分可参考 2.1.2 小节的内容)。就像一个国家一样,国家内部需要划分成多个行政区域。在一个大的物理网络中有多个逻辑网络,逻辑网络之间的连接是由路由器完成的。

路由器负责网络之间的数据报文传递。路由器接收到一个数据报文之后,首先根据目的地址从路由表中查找到达目的地址的路由,然后根据路由进行数据报文的转发。

路由器和路由器图标如图 1-12 所示。前面提到的无线路由器也是路由器的一种。

路由器 　　　　　　　　　　　路由器图标

图 1-12　路由器和路由器图标

1.4.4 路由器、交换机、集线器的区别

路由器、交换机、集线器的区别如表 1-1 所示。

表 1-1　路由器、交换机、集线器的区别

设　备	工作层	功　能	工作方式	应用情况
路由器	网络层	网间连接	根据网络地址存储转发	逻辑网络之间的连接
交换机	数据链路层	网内连接	根据物理地址存储转发	局域网内部连接
集线器	物理层	网内连接	信号放大	基本淘汰

路由器和交换机、集线器的主要区别是:路由器是逻辑网络之间的连接设备,而交换机、集线器是逻辑网络内部的连接设备。图 1-13 是路由器、交换机和集线器连接网络的示意图。

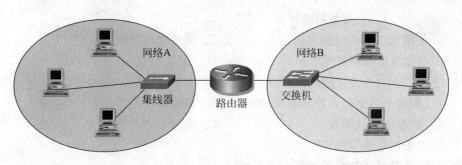

图 1-13　路由器、交换机和集线器连接网络示意图

1.5　小　　结

本章主要介绍了计算机网络的基本概念,包括计算机网络的定义与组成、网络通信协议与网络体系结构的概念、TCP/IP 参考模型、TCP/IP 协议网络中的报文传输过程、计算机网络的分类以及网络连接设备。

1.6　习　　题

1. 什么是计算机网络?
2. 下列说法中(　　)是不正确的。
   A. 计算机网络是通过通信线路和通信设备连接起来的
   B. 计算机联网必须使用路由器等网络连接设备
   C. 网络中的计算机是具有独立功能的计算机系统
   D. 计算机联网的目的是实现资源共享和信息传递
3. 下列(　　)是通信设备。
   A. 路由器　　　　　B. 集线器　　　　　C. 交换机　　　　　D. ADSL Modem
4. 关于"网络体系结构"下列说法中(　　)是不正确的。
   A. 计算机网络按照结构化方法,采用功能分层的原理来实现
   B. 网络体系结构的核心是分层定义网络各层的功能
   C. 相邻各层之间通过接口关系提供服务
   D. 计算机联网必须使用网络通信设备
5. OSI 参考模型将网络通信功能划分成了(　　)个层次。
   A. 4　　　　　　　B. 5　　　　　　　C. 6　　　　　　　D. 7
6. TCP/IP 参考模型将网络通信功能划分成了(　　)个层次。
   A. 4　　　　　　　B. 5　　　　　　　C. 6　　　　　　　D. 7
7. 下列(　　)不是 TCP/IP 参考模型的网络服务应用程序。
   A. FTP　　　　　　B. HTTP　　　　　C. IP　　　　　　　D. SMTP
8. 在 TCP/IP 参考模型中,"路由选择"是在(　　)中完成的。
   A. 应用层　　　　　B. 传输层　　　　　C. 互联网络层　　　　D. 网络接口层

9. 下列( )不是局域网的特点。

    A. 使用自备通信线路和通信设备   B. 覆盖较小的地理范围

    C. 数据传输速率较高   D. 使用路由器连接

10. 下列( )不是广域网的特点。

    A. 租用公共通信线路和通信设备   B. 覆盖地理范围较大

    C. 数据传输速率高   D. 有通信线路费用

11. 什么是网络拓扑结构?

12. 什么是星状拓扑结构网络?

13. 无线局域网属于哪种拓扑结构网络?

14. 下列( )是数据链路层的网络连接设备。

    A. 集线器   B. 交换机   C. 路由器   D. 调制解调器

第2章　简单计算机网络的搭建与维护

非计算机网络专业人员接触的计算机网络问题一般都是简单的网络问题,通常是办公室或家庭的计算机联网或简单网络故障问题。本章主要介绍在简单网络环境中如何配置计算机的网络属性、排除简单的网络故障和搭建简单的办公室或家庭局域网。

2.1　计算机的网络属性配置

2.1.1　计算机在网络中的通信地址

在计算机网络中需要实现的最基本的功能就是计算机之间的通信。在庞大而复杂的计算机网络世界中,通信的双方如何表示通信地址是一个很关键的问题。在 TCP/IP 协议网络中在各个协议层如何表示通信双方的目的地址和源地址是一个非常复杂的问题,对于非计算机网络专业技术人员,一般应该重点了解计算机网络地址的表示方法,即 IP 地址。

1. 物理地址

物理地址是标识网络内计算机的唯一地址,就像信封上的收信人地址一样。计算机的物理地址在不同协议的网络中有不同的表示方法。目前的计算机网络大都采用局域网接入方式。计算机接入局域网时需要使用一个网络接口卡,简称网卡。常见的以太网网络接口卡如图 2-1 所示。

图 2-1　以太网网络接口卡

网卡生产厂商在网卡上集成了一个 48 位二进制数编号(一般按字节使用十六进制数书写,中间用":"分隔,如 00:5b:03:5e:3f:0b),其中前 24 位是从电气电子工程师协会

(IEEE)的注册管理委员会申请的厂商注册号,后24位是厂商生产的网卡序号,这就保证了每块网卡的编号在全世界范围内是唯一的。一块网卡无论安装在哪台计算机上,网卡编号也不会改变,所以在计算机网络中就使用网卡编号作为计算机的物理地址。在计算机上安装了一块网卡之后,这台计算机的物理地址就确定了,在没有更换网卡的情况下,这台计算机的物理地址是不会改变的。

在笔记本电脑中或一些台式计算机中的主板上集成了网卡,集成的网卡上同样有一个全世界范围内唯一的物理地址。

计算机通信中的物理地址供计算机网络中的两个节点之间在通信线路上传送数据时使用。通信线路一般称为传输介质,所以计算机的物理地址又称为介质访问控制(Media Access Control,MAC)地址。

2. IP 地址

在 TCP/IP 协议网络中,计算机在网络中的编号地址称为 IP(Internet Protocol,网际协议)地址,即网络互联层协议地址。

IP 地址是人为分配给计算机在网络中的编号地址,供全世界范围内所有计算机之间通信使用。为了确保计算机之间通信地址的唯一性,IP 地址由 Inter NIC(Internet 网络信息中心)统一管理,每个国家的网络信息中心统一向 Inter NIC 申请 IP 地址,并负责国内 IP 地址的管理与分配。

在 TCP/IP 协议网络中目前主要使用第 4 版 IP 协议(IPv4),在 IPv4 中使用 32 位二进制数编码 IP 地址。为了书写方便,IP 地址使用点分十进制数表示,即用十进制数表示 IP 地址的每个字节(8 位二进制数),每个字节之间用“.”分隔。8 位二进制数表示的十进制数范围为 0~255,所以 IP 地址的每个点分开的十进制数不会超过 255。例如,200.100.30.12 就表示一个 IP 地址。

在 4 个字节的 IP 地址中,其实包含了“网络地址(网络编号)”和“主机地址(主机编号)”两部分内容(注:主机,就是计算机),就像电话号码中包含区号和区内编号一样。在一个计算机被分配了一个 IP 地址后,该计算机就属于该 IP 地址中“网络编号”部分表示的“网络”内的成员。在 Internet 上其他计算机与该计算机通信时,首先根据该计算机 IP 地址的网络号找到该网络,再从该网络中寻找该计算机。这个过程和打长途电话的过程是相似的,先根据区号找到电话机所在的地区,再根据电话号码在该地区内找到该电话机。

设计 IP 地址的人为了照顾网络内主机数目的多少以及其他目的,将 IP 地址划分成 A、B、C、D、E 共 5 类。常用的 A、B、C 类 IP 地址的分类方法如表 2-1 所示。D 类和 E 类 IP 地址用于其他用途,一般使用的 IP 地址都是 A、B、C 类。

表 2-1　常用的 A、B、C 类 IP 地址的分类方法

类别	第 1 字节编号范围	网络编号位数	主机编号位数	网络编号范围	网络数量	网内主机数量	IP 地址范围
A	1~127	8	24	1~127	127	16M	1.0.0.0~127.255.255.255
B	128~191	16	16	128.0~191.255	16384	65536	128.0.0.0~191.255.255.255
C	192~223	24	8	192.0.0~223.255.255	2M	256	192.0.0.0~223.255.255.255

根据 IP 地址的类别就可以确定网络编号和主机编号。例如,78.65.32.40 是一个 A 类 IP 地址,网络编号部分是 78,网络内主机编号部分是 65.32.40;150.23.15.21 是一个 B 类 IP 地址,它的网络编号部分是 150.23,网络内主机编号部分是 15.21;200.123.68.76 是一个 C 类 IP 地址,它的网络编号部分是 200.123.68,网络内主机编号部分是 76。

注:IP 地址一般要写出 4 个点分十进制数,上面的说明是为了直观才将网络编号部分与主机编号部分分开书写的。

在 TCP/IP 协议网络中可以互联很多网络,整个网络就像一个国家,每个网络就像国家中的一个地区、城市一样。在 TCP/IP 协议网络中,各个网络是用不同的网络号区分的。在一个网络中可以连接若干台计算机,就像一个城市可以居住很多居民一样。IP 地址网络号相同的计算机都属于同一个网络,就像居住在同一个城市的居民一样。在计算机网络中通信时,首先根据通信的目的 IP 地址中的网络编号将数据报文传送到目的主机所在的网络(与该网络连接的路由器),在网络内再根据 IP 地址中的主机编号查找目的主机,最终将数据报文传递给目的主机。数据报文在网络中的传递过程如图 2-2 所示。

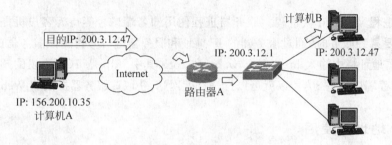

图 2-2　数据报文在网络中的传递过程

在图 2-2 中,IP 地址为 156.200.10.35 的计算机 A 给 IP 地址为 200.3.12.47 的计算机 B 发送一个数据报文,目标计算机所在的网络地址是 200.3.12.0。经过 Internet 的传递,最终到达和 200.3.12.0 网络相连接的路由器 A(即到达了目的网络),路由器 A 再根据网络内的主机编号地址将报文转发给计算机 B。

3．端口地址

MAC 地址表示计算机的物理地址,是在数据链路层传输中使用的地址。IP 地址使用层次结构地址表示网络中的计算机,是在网络寻址中使用的地址。MAC 地址和 IP 地址只能表示到计算机,但在一台计算机上可以同时打开多个网站,这就说明网络通信的最终对象不是计算机,而是应用程序进程。

在一台计算机中,不同的进程是用不同的进程编号标识的,这个进程编号在网络通信中称为端口号或端口地址。

在一个进程被建立时,为了标识该进程,系统需要为该进程分配一个端口号,这个端口号对于一般进程是不固定的。在网络通信中,为了和对方进程通信,显然必须知道对方进程的端口号。要获取对方进程的端口号,可以在网络通信中采用客户机/服务器模式(Client/Server,C/S)。客户机和服务器分别表示相互通信的两个应用程序进程,客户机向服务器发出服务请求,服务器响应客户机的请求,为客户机提供所需的服务。在 TCP/IP 协议网络中,服务器进程使用固定的、所谓的知名端口(Well-known Port)。知名端口号在1~255范围内,由 Internet 编号分配机构(Internet Assigned Numbers Authority,IANA)来管理。256~1023 为注册端口号,由一些系统软件使用。1024~65535 为动态端口号,供用户随机使用。表 2-2 是 TCP 协议使用的部分知名端口。

表 2-2　TCP 协议使用的部分知名端口

端口号	服　　务	描　　述
20	FTP-DATA	文件传输协议数据
21	FTP	文件传输协议控制
23	Telnet	远程登录协议
25	SMTP	简单邮件传输协议
53	Domain	域名服务器
80	HTTP	超文本传输协议
110	POP3	邮局协议

服务器进程又称为守候进程。服务器进程使用知名端口号等待为客户机提供服务。客户机程序需要某种服务时,通过服务器的 IP 地址和服务器端口号得到该服务器的相应服务。例如在浏览器地址栏中输入 http://www.baidu.com,其中 http 是 TCP 协议的超文本传输协议,服务器进程端口号是 80,所以就可以打开百度网站,获取该服务器提供的 Web 服务。

2.1.2　IP 地址的使用

作为一个非计算机网络专业技术人员,如果需要给计算机配置 IP 地址,一般从网络管理员处获取 IP 地址及其他配置内容,按照网络管理员的指示进行网络属性(TCP/IP 属性)配置即可。但是如果希望能够自己搭建简单的办公室或家庭网络,或者能够进行简单的网络故障维护,那么就需要了解一些有关 IP 地址的使用常识。

1. 不能分配给计算机的 IP 地址

在表 2-1 中列出了每个网络内的主机数量,其实在一个网络内有两个 IP 地址是不能分配给计算机使用的:一个是网络内最小的 IP 地址(主机编号部分二进制数为全 0);另一个是网络内最大的 IP 地址(主机编号部分为二进制数全 1)。例如在 C 类网络 200.100.10.0 中,网络内 IP 地址编号应该是 200.100.10.0~200.100.10.255,共 256 个,但是在这个网络中其实只有 254 个 IP 地址可以分配给计算机使用。最小的 IP 地址(主机编号部分为二进制数全 0)是 200.100.10.0 不能分配给主机使用;最大的 IP 地址(主机编号部分为二进制数全 1)是 200.100.10.255 也不能分配给主机使用。

在 IP 地址中,主机编号部分为二进制数全 0 的 IP 地址表示网络地址;主机编号部分为二进制数全 1 的 IP 地址表示广播地址,所以不能将它们分配给主机使用。

另外,网络编号部分全 0 的 IP 地址表示本网络内的主机,所以也不能分配给主机使用,即 IP 地址中第 1 个字节为 0 的 IP 地址是不能使用的;IP 地址中第 1 个字节为 127 的 IP 地址用于网络协议软件的测试,所以也不能分配给主机使用。

2. 私有 IP 地址(专用地址)

在 IP 地址中,A、B、C 类地址中都保留了一块空间作为私有(专用)IP 地址使用。它们是:

10.0.0.0~10.255.255.255
172.16.0.0~172.31.255.255
192.168.0.0~192.168.255.255

所谓私有 IP 地址就是不能在 Internet 公共网络上使用的 IP 地址,因为私有 IP 地址是不需要申请可以随意使用的,目的报文地址为私有 IP 地址时,在 Internet 中就无法传送这个报文,所以在 Internet 上不会传送目的 IP 地址是私有 IP 地址的报文。私有 IP 地址可以在自己的内部网络上任意使用,而且不用考虑和其他地方有 IP 地址冲突问题。

用户在自己的内部网络中(如家庭网络)可以随意使用私有 IP 地址,但如果想把内部网络连接到 Internet,就必须借助网络地址转换(Network Address Translation,NAT)服务,将私有 IP 地址转换成合法的公网 IP 地址才能进入 Internet。市场上出售的小路由器一般都有 NAT 功能,借助这种小路由器家庭网络就可以通过一个公网 IP 地址上网。

3. IP 地址分配规则

TCP/IP 协议网络内的主机没有合法的 IP 地址就不能联网工作,在分配 IP 地址时需要遵守以下规则。

(1) 每个计算机应该分配一个唯一的 IP 地址

对于连接到网络上的计算机都需要分配一个唯一的 IP 地址。路由器作为网络中的网络连接和报文存储转发设备,它的网络接口也需要分配 IP 地址,路由器上每个连接到网络的接口都需要分配一个唯一的 IP 地址。路由器就是一个具有多个网络连接接口、专门从事网络路由处理的专用计算机。

(2) 使用合法的 IP 地址

对于不需要和 Internet 连接的 TCP/IP 协议网络,在网络内可以任意使用 A、B、C 类 IP 地址或者私有 IP 地址。但如果网络是连接到 Internet 上的,IP 地址就不能随意使用,只能从上级网络管理部门申请获得,如果使用私有 IP 地址,就需要使用 NAT 转换。

(3) 同一网络内的 IP 地址网络号必须相同,一个网络的 IP 地址网络号必须唯一

为同一个网络内的所有主机、网络接口所分配的 IP 地址必须有相同的网络号,就如同居住在同一个城市的居民一样,在通信地址中居住在同一城市的居民城市名称必须是相同的;在不同网络内的网络号必须是不同的。一个网络内的 IP 地址如果使用了其他网络的网络号,就像一个北京人寄信时把寄信人地址写成了上海,那么对方回信时信件肯定会寄到上海,发信人将永远收不到回信,在网络中就是网络不通。

4. 网络的物理划分

IP 地址中的每个网络地址表示一个网络,一般也称为逻辑网络。在 Internet 中相互连接的有无数个逻辑网络,那么逻辑网络是如何在物理上划分的呢?

路由器是计算机网络中的网络连接设备,在计算机网络中不同的网络是通过路由器连接起来的。路由器上有若干个网络连接端口,路由器的每个端口连接不同的网络。路由器的不同端口从物理上将不同的逻辑网络严格分开。

图 2-3 是一个路由器连接两个网络的示例。从图 2-3 中可以看到,路由器的以太网连接端口 E0、E1 分别连接了一个网络。在 E0 口连接的网络中,IP 地址网络号为 200.10.1.0,路由器 E0 口和 PC 的 IP 地址分别为 200.10.1.1、200.10.1.2、200.10.1.3、200.10.1.4。它们的网络编号都相同,IP 地址也都唯一。

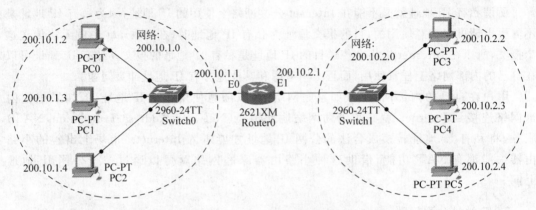

图 2-3   路由器连接两个网络的示例

在 E1 口连接的网络中,IP 地址网络号为 200.10.2.0,路由器 E1 口和 PC 的 IP 地址分别为 200.10.2.1、200.10.2.2、200.10.2.3、200.10.2.4。它们的网络编号都相同,IP 地址也都唯一。

5. 默认网关与子网掩码(Mask)

在计算机的网络属性配置中,必须配置的一个参数为"默认网关"。"网关"是本网络与其他网络通信时的必经之路。"默认"是从计算机网络中的"默认路由"继承来的,意思是只要和其他网络通信,就必须从这里经过。

配置默认网关需要使用与其他网络通信必须经过的路由器端口 IP 地址。在图 2-3 中可以看到,对于 200.10.1.0 网络来说,如果与 200.10.2.0 网络中的计算机通信,必经之处是路由器的 E0 端口,所以对于 200.10.1.0 网络中的 PC,默认网关必须配置为 200.10.1.1;而对于 200.10.2.0 网络中的 PC,默认网关则需要配置为 200.10.2.1。人们一般总习惯把网络中可用的最小 IP 地址或者可用的最大 IP 地址分配给网关,例如 200.10.2.1 或者 200.10.2.254。

在计算机与其他计算机通信时,如何知道通信的对方是在本网络内还是在其他网络呢?或者说计算机如何根据 IP 地址判断目的主机所在的网络呢?其实只要判断一下目的主机 IP 地址和源主机 IP 地址的网络号是否相同就可以了。那么计算机如何根据 IP 地址计算网络号呢?

在计算机网络属性配置中,还需要配置的一个参数为"子网掩码"(Mask),计算机就是使用 Mask 来计算 IP 地址中的网络号的。对于 A、B、C 类网络 IP 地址,默认的子网掩码如下。

A 类网络：255.0.0.0

B 类网络：255.255.0.0

C 类网络：255.255.255.0

计算机在计算网络地址时，将 IP 地址和 Mask 进行按二进制位的"与"运算，这样就可以将 IP 地址中的主机编号部分全部化为 0，即得到了 IP 地址中的网络编号。

至于为什么叫做"子网掩码"，其实在计算机网络技术中，只按照 A、B、C 类使用 IP 地址存在很多难以解决的问题，还需要在 A、B、C 类网络中把部分主机编号用于子网划分。子网划分的问题一般不是非计算机网络专业技术人员所关心的，但是在涉及使用子网掩码配置计算机 TCP/IP 属性时（子网掩码不是默认的 A、B、C 类子网掩码时），一般不能改变网络管理员提供的子网掩码，否则可能会网络不通。

2.1.3 域名地址

在 Internet 中，每台计算机都必须分配一个合法的 IP 地址，就像手机必须有一个合法的电话号码才能通信一样。虽然手机号码和 IP 地址都是通信地址，但是它们的用途有较大差别。手机通信的对象范围较小，多是固定的通信对象，只要记住这些手机号码就可以了；IP 地址用于 Internet 上计算机之间的通信，通信对象范围大，而且没有固定性。在 Internet 上浏览信息时，如果不知道某个网站服务器的 IP 地址，显然无法浏览。如果要像记电话号码一样记住众多的网站服务器的 IP 地址简直是不可能的。

域名地址就是使用助记符表示的 IP 地址。例如著名的中文搜索网站百度网站的 IP 地址是 202.108.22.5，这个 IP 地址不太容易记住，而且经常会改变，但它的域名地址是 www.baidu.com，记忆这个域名地址比记忆 IP 地址就容易多了，而且不需要考虑它是否会改变。

域名地址虽然容易记忆，但在 IP 报文中使用的地址是用数字表示的 IP 地址。在浏览器中输入一个域名地址之后，必须将域名地址转换成 IP 地址才能进行网络通信，完成这个转换功能的设备称为域名系统（Domain Name System，DNS）服务器。DNS 服务器也是安装在一台计算机上的服务程序，使用查表的方法完成域名地址和 IP 地址的转换。

如果想要使用域名地址访问一台计算机，首先就要在一个 DNS 服务器中注册，一般是在上一级域名服务器中注册。域名是分级分层设置的，各级域名间使用"."分隔，例如域名 www.nankai.edu.cn，其中：

cn 是顶级域名，代表中国，顶级域名是在 Internet 管理中心注册的域名；

edu 是二级域名，代表教育网，edu 是在中国互联网中心 cn 域名下注册的域名；

nankai 是三级域名，代表南开大学，nankai 是在教育网 edu 域名下注册的域名；

www 是主机域名，表示一个 Web 服务器，它是在 nankai 域名下注册的域名。

除了主机域名外，每级域名下都会设置一个域名服务器和备用域名服务器供下级进行域名注册。为了能够在网络中使用域名地址，在计算机网络连接的 TCP/IP 属性设置中，必须设置 DNS 服务器地址。网络连接的 TCP/IP 属性设置对话框如图 2-4 所示。

DNS 服务器一般可以设置两个，但必须输入 DNS 服务器的 IP 地址。DNS 一般需要设置本地域名服务器地址，即计算机所在域的 DNS 服务器 IP 地址。在设置好 DNS 服务器地

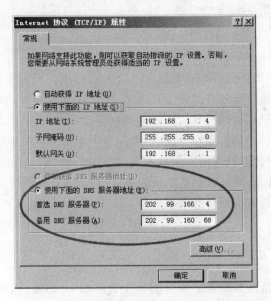

图 2-4　网络连接的 TCP/IP 属性设置对话框

址之后,当一台计算机使用域名地址通信时,系统首先根据域名服务器 IP 地址将域名地址信息发送给域名服务器,域名服务器根据域名地址查找 IP 地址,然后将 IP 地址返回给该计算机,计算机再使用 IP 地址和需要通信的计算机通信。

根据域名查找 IP 地址的过程称为域名解析。实际上域名解析的过程是比较复杂的。一般在本地域名服务器中没有查到域名时,会自动到其上级域名服务器中去查找,依次递归,最终会查到该域名地址所对应的 IP 地址。当然如果每次都这样去查找会影响工作效率,DNS 也采取了一些办法,例如在计算机和各级域名服务器上会暂存查找过的域名,在需要域名解析时,计算机会首先在本机的高速缓存中进行域名解析,不成功时才去上级域名服务器解析。各级域名服务器也采取类似的处理方法,用于提高 DNS 的工作效率。

总之,域名地址是 IP 地址的助记符形式,使用域名地址需要 DNS 帮助。域名地址一般用于 Internet 中。在 Internet 中,如果在网络连接的 TCP/IP 属性设置中没有正确设置 DNS 服务器,该计算机就不能使用域名地址和其他计算机通信。

2.1.4　网络连接的 TCP/IP 属性设置

在 TCP/IP 协议网络中,在主机中必须正确设置网络连接的 TCP/IP 属性才能正常联网工作。打开 Windows 网络连接的 TCP/IP 属性设置对话框的方法和 Windows 的版本有关,一般可以通过"开始"|"控制面板"|"网络连接"命令打开"网络连接"窗口,右击"网络连接"窗口中的"本地连接"图标,在弹出的快捷菜单中选择"属性"命令就会打开如图 2-5 所示的"本地连接 属性"对话框。

在"本地连接 属性"对话框中的"此连接使用下列项目"列表框中选中"Internet 协议(TCP/IP)"复选框,然后单击"属性"按钮,打开"Internet 协议(TCP/IP)属性"对话框,如图 2-6 所示。

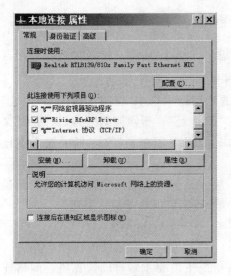

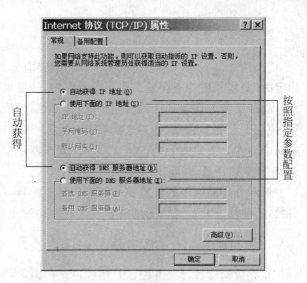

图 2-5　"本地连接 属性"对话框　　　图 2-6　"Internet 协议(TCP/IP)属性"对话框

在"Internet 协议(TCP/IP)属性"对话框中有两组单选按钮,一组单选按钮是有关 IP 地址设置的;另一组单选按钮是有关 DNS 服务器设置的。每组单选按钮中都有两个选项,一个是"自动获得……";另一个是"使用下面的……",即按照指定的参数配置,也称为静态配置。

1. 自动获得配置

在网络连接的 TCP/IP 属性设置中,选中"自动获得 IP 地址"和"自动获得 DNS 服务器地址"单选按钮,可以由系统自动获得 TCP/IP 属性参数,这种设置适用于在网络内启用了动态主机配置协议(Dynamic Host Configuration Protocol,DHCP)和电话拨号上网、ADSL 上网的情况。

动态主机配置协议 DHCP 用于在大型网络中自动为网络内主机分配网络连接的 TCP/IP 属性参数,还可以将有限的 IP 地址动态分配给网络内主机使用。在启用了 DHCP 的系统中,只有主机联网工作时才临时获得 IP 地址,这样可以节省 IP 地址。

在网络内启用了 DHCP 后,只要打开网络连接,DHCP 系统就会给该主机分配 IP 地址、子网掩码、默认网关和 DNS 服务器地址。要在 Windows 系统中查看自动获得的网络连接 TCP/IP 属性参数,可以在"命令提示符"窗口中输入如下命令:

```
ipconfig /all
```

就能得到类似如下的显示信息(每行后面是添加的注释):

```
Ethernet adapter 本地连接:
        Physical Address. . . . . . . . : 00 - 0B - DB - 1C - 02 - 19    ; 物理地址
        Dhcp Enabled. . . . . . . . . : Yes                             ; 使用 DHCP 协议
        Autoconfiguration Enabled . . . . : Yes                         ; 使用自动配置
        IP Address. . . . . . . . . . . : 192.168.1.100                 ; 获得的 IP 地址
        Subnet Mask . . . . . . . . . . : 255.255.255.0                 ; 子网掩码
        Default Gateway . . . . . . . . : 192.168.1.1                   ; 默认网关地址
        DHCP Server . . . . . . . . . . : 192.168.1.1                   ; DHCP 服务器地址
        DNS Servers . . . . . . . . . . : 202.99.160.68                 ; DNS 服务器地址
                                          202.99.166.4                  ; 备用 DNS 服务器地址
```

2. 静态设置

"自动获得"方式在有些情况下是不能使用的。例如,网络中的服务器地址必须是相对固定的,必须采用静态设置。在小型网络中,一般也采用静态设置方式。

静态设置方式就是在网络连接 TCP/IP 属性设置对话框中选中"使用下面的 IP 地址"和"使用下面的 DNS 服务器地址"单选按钮。然后在"IP 地址"、"子网掩码"、"默认网关"文本框中输入合法的内容,在"首选 DNS 服务器"和"备用 DNS 服务器"文本框中输入本地DNS 服务器的 IP 地址。

对于办公网络中的计算机 TCP/IP 属性配置,一般应该使用从网络管理员获得的配置参数,不能修改和错误输入网络管理员提供的配置参数,否则可能造成网络不通。

3. 启用网络连接 TCP/IP 属性设置

在完成网络连接的 TCP/IP 属性设置后,在一般情况下需要重新启动计算机后网络连接的 TCP/IP 属性设置才能生效。如果不重新启动计算机,也可以在图 2-7 所示的"网络连接"窗口中右击"本地连接"图标,在弹出的快捷菜单中选择"停用"命令,当显示本地连接禁用后,双击"本地连接"图标,就可以使用新配置的网络连接 TCP/IP 属性参数重新启动网络连接。

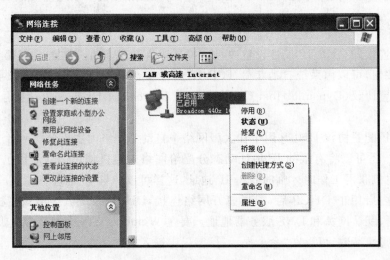

图 2-7 "网络连接"窗口

在计算机联网工作时,有时会产生网络软件工作故障,需要重新启动计算机。在这种情况下,也可以采用重新启动网络连接的方法排除网络软件故障,节约工作时间。

2.2 简单网络故障的诊断与维护

复杂的网络故障一般需要网络管理员排除,但是在日常工作中经常会出现一些简单的网络故障,可能不需要找网络管理员或者暂时找不到网络管理员时,能够自己排除简单的网络故障对工作是非常有帮助的。

2.2.1 网络故障分类

在日常工作中遇到的计算机网络故障一般就是网络无法连通，或者说不能联网工作。计算机工作正常而不能联网，可以肯定是发生了网络故障。

计算机网络故障一般包括两个方面：物理故障和逻辑故障。物理故障一般是由网络物理连接或连接设备、网线故障造成的；逻辑故障一般是由于计算机上的网络通信软件程序被破坏或者 TCP/IP 属性配置有问题造成的。

2.2.2 网络故障的简单检测

1. 分析发生网络故障的范围

在办公场所有多台计算机而且有网络连接设备（路由器、交换机、集线器）时，首先观察一下办公场地的其他计算机能否联网。如果其他计算机能够联网，说明故障只发生在这台计算机与网络连接设备之间，否则可能是网络连接设备发生了故障。

2. 排除简单物理故障

一般物理故障可能是网络设备电源没有开启、网线松动或损坏、网线接口损坏或者网卡损坏造成的。

对于网络设备电源没有开启的情况虽然处理起来比较简单，但是还是经常会发生因为电源没有开启而打电话找网络管理员维修的情况。当网线松动或接触不良时，在 Windows 系统的任务栏中可以看到一个有红叉的计算机网络连接图标，或者显示"网线被拔出"的信息。对于这种情况可以检查一下网线插座上的指示灯是否亮着。如果不亮可以试试以下方法。

（1）重插一下网线。

（2）把网线插到网络连接设备上的另一个插座上（如果不通，需要插回原插座）。

（3）换一条没有问题的网线，确认一下网线是否损坏。

3. 检查 TCP/IP 属性设置

打开 TCP/IP 属性设置对话框，检查一下 TCP/IP 属性设置是否正确。检查 TCP/IP 属性设置时最好和旁边的计算机对比一下，看看设置有什么不同。一般相同办公场所的计算机 TCP/IP 属性除了 IP 地址不同之外，其他应该相同。如果办公室中只有一台计算机，那么就要知道这台计算机的 TCP/IP 属性参数了。

检查 TCP/IP 属性设置时如果知道确实设置错误，可以根据正确的参数进行设置；但是在没有把握确认 TCP/IP 属性设置错误时，不能随便修改属性设置参数去试，否则可能造成更大范围的网络故障。

2.2.3 网络故障检查工具

在排除了简单物理故障和确认 TCP/IP 属性设置无误后，可以使用简单的网络故障检查工具 ping 命令检查网络故障的范围。

ping 命令是一个请求回应命令,如果对方能够收到该命令发出的请求回应报文,对方就会发送一个应答报文。如果能够收到对方的应答报文,说明能够到达对方。ping 命令的简单格式如下:

ping ip 地址

例如:

ping 202.108.22.5

ping 命令可以在"命令提示符"窗口中使用。在 Windows 中,通过"开始"|"程序"|"附件"|"命令提示符"命令,打开"命令提示符"窗口,在>后输入命令即可。

例如,在"命令提示符"窗口中输入 ping 202.108.22.5,按 Enter 键后将显示如下结果。

```
D:\Documents and Settings\Administrator > ping 202.108.22.5

Pinging 202.108.22.5 with 32 bytes of data:

Reply from 202.108.22.5: bytes = 32 time = 35ms TTL = 53
Reply from 202.108.22.5: bytes = 32 time = 35ms TTL = 53
Reply from 202.108.22.5: bytes = 32 time = 34ms TTL = 53
Reply from 202.108.22.5: bytes = 32 time = 35ms TTL = 53

Ping statistics for 202.108.22.5:
    Packets: Sent = 4, Received = 4, Lost = 0 (0 % loss),
Approximate round trip times in milli - seconds:
    Minimum = 34ms, Maximum = 35ms, Average = 34ms

D:\Documents and Settings\Administrator >
```

上面的结果表示从本计算机到达 IP 地址为 202.108.22.5 的计算机是连通的。如果结果中显示:

```
Request timed out.
…
Ping statistics for 202.108.22.55:
    Packets: Sent = 4, Received = 0, Lost = 4 (100 % loss),
```

或者

```
Destination host unreachable.
…
Ping statistics for 192.168.1.1:
    Packets: Sent = 4, Received = 0, Lost = 4 (100 % loss),
```

都表示不能到达对方。

2.2.4 使用 ping 命令检查网络故障

1. 检查 TCP/IP 协议软件是否工作正常

计算机网络中的通信在网络层以上都是由 TCP/IP 协议软件控制的,如果该软件发生

故障,网络根本就不可能连通。检查 TCP/IP 协议软件是否工作正常的方法是:

ping 127.0.0.1

在 IP 地址中,以 127 开头的网络称为测试网络,是专门用来进行软件测试的。在 TCP/IP 协议的网络层接收到请求回应报文后,网络层就会发出回应报文。如果接收不到回应报文(不通),就说明 TCP/IP 协议软件工作不正常,可能是被破坏了。

如果诊断出 TCP/IP 协议软件工作不正常,最简单的方法是重装 Windows 系统,但是重装 Windows 系统可能会影响到其他软件的工作,例如业务软件需要重新安装等。为了不影响其他软件,可以单独重装 TCP/IP 协议软件。

在如图 2-8(a)所示的"本地连接 属性"对话框中单击"安装"按钮,打开如图 2-8(b)所示的"选择网络组件类型"对话框,选择"协议"选项后单击"添加"按钮,打开如图 2-8(c)所示的"选择网络协议"对话框,选中需要安装的协议,单击"确定"按钮即可完成协议软件的安装。

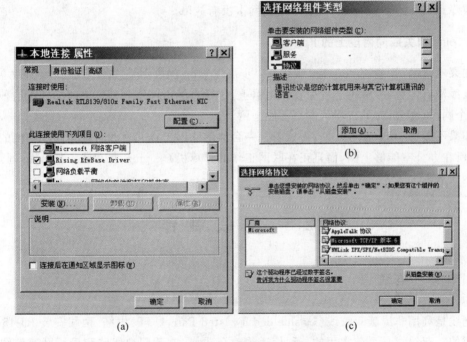

图 2-8 网络通信协议安装对话框

2. 检查本机网卡工作是否正常

如果 ping 127.0.0.1 能够收到回应报文,下一步可以 ping 本机的 IP 地址。如果不知道本机的 IP 地址,可以在"命令提示符"窗口中输入 ipconfig 命令查看,例如:

D:\Documents and Settings\Administrator > ipconfig

Windows IP Configuration
Ethernet adapter 本地连接:

```
Connection – specific DNS Suffix . :
IP Address. . . . . . . . . . . : 200.22.102.23
Subnet Mask . . . . . . . . . . : 255.255.255.0
Default Gateway . . . . . . . . : 200.22.102.1

D:\Documents and Settings\Administrator >
```

从显示的结果中就可以看到本机的 IP 地址。如果没有如上的 IP 地址配置显示,可能的原因如下:

(1) 网络连接被禁用(解除禁用:在网络连接中双击"本地连接"图标可以启动网络连接)。

(2) 网卡已经损坏。

(3) 网线被拔掉。

(4) TCP/IP 属性配置不正确(例如错误地选择了自动获得的选项)。

如果查看到了本机的 IP 地址,就可以 ping 本机的 IP 地址。如果不能 ping 通,可能是网卡故障;如果能够 ping 通,说明本机的网卡没有故障。

3. ping 网关或同网段上的 IP

如果本机的 IP 能够 ping 通,那么下一步可以 ping 网关 IP。如果能够 ping 通网关 IP,说明网线没有问题,故障可能发生在路由器上,这样只能由网络管理员来解决。在这种情况下,整个网段(办公室)的机器可能都不能上网了。

如果不能够 ping 通网关 IP,再试着找一台能够联网工作并且和本机在同一网段的计算机(如所在办公室能够上网,而且正在联网工作的计算机)来 ping,如果也不能 ping 通,则说明是网线故障。

2.3 网 线 制 作

2.3.1 UTP 电缆

网线是利用非屏蔽双绞线(Unshielded Twisted Pair,UTP)电缆,两端安装 RJ-45 水晶头构成的。双绞线是目前常用的一种信道传输介质,在电话用户线路和局域网通信线路中都广泛使用双绞线。双绞线采用了一对互相绝缘的金属导线互相绞合的方式来抵御一部分外界电磁波干扰。把两根绝缘的铜导线按一定密度互相绞在一起,可以降低信号干扰的程度,每一根导线在传输中辐射的电波会被另一根线上发出的电波抵消。"双绞线"的名字也是由此而来的。双绞线一般由两根粗约 0.4～0.9mm 相互绝缘的一对铜导线扭在一起组成。在计算机局域网中,由于通信距离较短,一般使用 4 对的非屏蔽双绞线。在 4 对的 UTP 电缆中使用橙白/橙、绿白/绿、蓝白/蓝、棕白/棕 4 组颜色区分 4 对双绞线。4 对的 UTP 电缆和 RJ-45 水晶头如图 2-9 所示。

从办公室墙上的信息插头或交换机连接到计算机都需要使用网线。在市场上可以买到成品网线,一般称为 RJ-45 软跳线(导线是多股铜线),RJ-45 跳线的长度一般在 5m 之内。

图 2-9　4 对的 UTP 电缆和 RJ-45 水晶头

目前在计算机局域网联网中常用的非屏蔽双绞线有如下几种。

(1) 5 类双绞线(Cat 5)：信道带宽为 100Mbps，用于百兆以太网。

(2) 超 5 类双绞线(Cat 5e)：信道带宽为 125～200Mbps，用于百兆以太网。

(3) 6 类双绞线(Cat 6)：信道带宽为 200～250Mbps，用于千兆以太网。

在计算机局域网中都使用基带传输方式(对数字信号编码后直接在线路中传输)，传输距离较短，所以使用 UTP 电缆制作的网线长度不能超过 100m。

2.3.2　网线制作

在网络故障维护中，网线的故障是比较多的。一般超过 5m 的网线都需要自己动手制作。网线的制作技能也是对网络进行简单维护需要掌握的一种基本技能。

1. 直通线与交叉线

交换机和计算机、路由器和计算机间用网线连接(墙上的信息插头一般可以看成交换机接口)。计算机网卡上的 RJ-45 接口以及路由器上的局域网接口中的引脚功能是一样的，而交换机 RJ-45 接口的引脚功能和计算机网卡 RJ-45 接口中的引脚功能不同，计算机网卡上的 RJ-45 接口引脚功能和交换机上的 RJ-45 接口引脚功能如图 2-10 所示。

图 2-10　计算机网卡上的 RJ-45 接口引脚功能和交换机上的 RJ-45 接口引脚功能

在图 2-10 中可以看到，在网卡的插座上，1、2 引脚是发送数据线的 TD＋、TD－，需要连接到交换机上的接收数据线 RD＋、RD－(交换机插座的 1、2 引脚)；在网卡插座上，3、6 引脚是接收数据线 RD＋、RD－，需要连接到交换机上的 TD＋、TD－(交换机上的 3、6 引脚)。由此可以看到，连接网卡和交换机的电缆的连接规则是：1 到 1，2 到 2，3 到 3，6 到 6，即 4 根直通线，但是这 4 根直通线不能随便使用，发送数据线(1、2 引脚)需要使用一对双绞线,接收数据线(3、6引脚)需要使用一对双绞线,这样的双绞线电缆称为直通网线。

在以太网中网卡和交换机的连接使用直通网线,但是路由器上的 RJ-45 接口插座引脚和网卡上的 RJ-45 接口插座引脚的排列是一样的,显然引脚排列相同的接口之间不能使用直通网线连接,需要将发送数据线连接到对方的接收数据线,即交叉连接。制作交叉连接的双绞线电缆需要将双绞线电缆一端的 1、2 引脚连接到另一端的 3、6 引脚,这种双绞线电缆称为交叉网线。

目前市场上的一些网络连接设备声称支持 Auto-MDI/MDIX 翻转,Auto-MDI/MDIX 翻转的意思是接口可以根据网线的类型(直通/交叉)调整接口的引脚功能。对于支持 Auto-MDI/MDIX 翻转的网络连接设备,使用直通网线和交叉网线连接网络都没有问题。

直通网线和交叉网线的连接示意如图 2-11 所示。

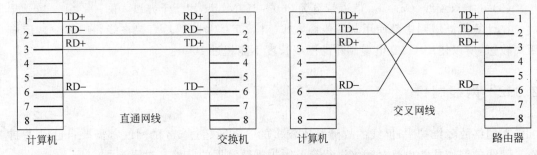

图 2-11　直通网线和交叉网线的连接示意

制作双绞线电缆需要在电缆两端安装 RJ-45 水晶头,水晶头上还可以安装水晶头护套(一般常省略水晶头护套安装),RJ-45 水晶头护套如图 2-12(a)所示。RJ-45 水晶头和水晶头上的线序如图 2-12(b)所示。

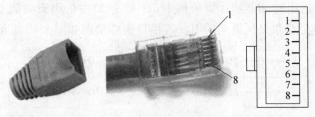

(a) RJ-45水晶头护套　　　(b) RJ-45水晶头及水晶头线序

图 2-12　RJ-45 水晶头护套、水晶头和水晶头上的线序

注意 RJ-45 水晶头上的线路引脚序号,引脚面朝上时左侧为 1 号引脚。

2.电缆布线标准

无论直通网线还是交叉网线,从原理上讲,只要发送信道使用一对双绞线,接收信道使用一对双绞线,一方的发送信道连接到对方的接收信道就没有问题。但是,从综合布线角度来说,电缆制作需要遵守综合布线标准。在双绞线电缆制作中,一般遵守美国电子工业协会 EIA 和美国通信工业协会 TIA 的美国布线标准 EIA/TIA-568A 和 EIA/TIA-568B。按照 RJ-45 水晶头上的引脚序号,EIA/TIA-568A 和 EIA/TIA-568B 标准如表 2-3 所示。

表 2-3　双绞线布线标准

标准 ＼ 引脚序号	1	2	3	4	5	6	7	8
EIA/TIA-568A	绿白	绿	橙白	蓝	蓝白	橙	棕白	棕
EIA/TIA-568B	橙白	橙	绿白	蓝	蓝白	绿	棕白	棕

　　制作直通网线时两端可以都使用 568A 标准,也可以都使用 568B 标准。一般习惯使用 568B 标准制作直通网线;制作交叉网线时,一端使用 568A 标准,另一端使用 568B 标准。

3. 制作网线

　　制作网线需要使用网线制作专用工具和电缆测试仪。网线制作专用工具称为压接工具或压接钳、压线钳;电缆测试仪用于检测电缆的质量是否合格。压接钳和电缆测试仪如图 2-13 所示。

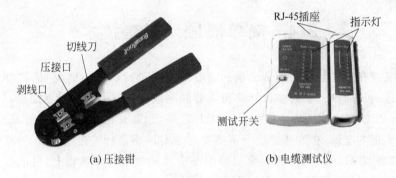

(a) 压接钳　　　　　　　　　　　(b) 电缆测试仪

图 2-13　压接钳和电缆测试仪

　　压接钳的种类比较多,一般都具备切线刀、剥线口和压接口。切线刀用于截取电缆和将双绞线切齐整;剥线口用于剥离双绞线电缆外层护套;压接口用于把双绞线和 RJ-45 水晶头压接在一起。

　　双绞线电缆的制作过程一般包括如下步骤。

　　(1) 截取需要长度的双绞线电缆,将水晶头护套穿入电缆中。

　　(2) 使用压接钳的剥线口(也可以使用其他工具)剥除电缆外层护套。

　　(3) 分离 4 对电缆,并拆开绞合,剪掉电缆中的呢绒线。

　　(4) 按照需要的线序颜色排列好 8 根线,并将它们捋直摆平。

　　(5) 使用压线钳切线口剪齐排列好的 8 根线,剩余不绞合电缆长度约为 12mm。

　　(6) 将有次序的电缆插入 RJ-45 水晶头中,把电缆推入得足够紧凑,要确保每条线都能和水晶头里面的金属片引脚紧密接触,确保电缆护套插入到插头中。图 2-14 所示的是电缆护套与水晶头错误与正确的位置。

　　如果网线护套没有插入插头里,拉动电缆时就会将双绞线拉出,造成双绞线与水晶头的金属片引脚接触不良,很多网络故障都是由于这种原因造成的。

　　(7) 检查线序和护套的位置,确保它们都是正确的。

　　(8) 将插头紧紧插入到压接钳压接口中,并用力对其进行彻底压接。

图 2-14 电缆护套与水晶头错误与正确的位置

（9）检查两端插头有无问题，查看水晶头上的金属片是否平整。

（10）将网线两端插头插入到电缆测试仪上的两个 RJ-45 插座内，打开测试开关，对于直通网线，测试仪上的 8 个指示灯应该依次闪过，否则就是断路或接触不良。对于交叉网线，测试仪上的 8 个指示灯应该按照交叉线序闪过。

（11）网线检查没问题后将水晶头护套安装到水晶头上。

2.4 简单局域网搭建技术

在办公室或在家庭环境中经常会遇到需要对网络进行扩充的情况，例如办公室的墙上只有一个信息插头而办公室有多台计算机需要联网或者信息插头数量不能满足联网计算机个数的需要；又如在家庭环境中安装了 ADSL 之后，原来只有一台台式计算机联网，现在又购买了一台笔记本电脑，在这些情况下都需要对原有网络进行扩充，扩充的办法包括增加信息插头数量、增加 ADSL 线路，但是更简单的办法就是在原有的基础上，自己搭建一个小型局域网来满足网络扩充的需要。

2.4.1 使用交换机搭建小型局域网

使用交换机搭建小型局域网来扩充网络连接，适用于在原有网络内的扩充情况。所谓原有网络是指在原来的逻辑网络内，扩充的计算机 IP 地址网络号和原有的 IP 地址网络号相同。

例如，办公室墙上只有一个信息插座，原来办公室内只有一台联网的计算机，使用的 IP 地址是 210.66.42.220，子网掩码是 255.255.255.0。现在办公室又增加了一台计算机需要联网。如果知道 IP 地址 210.66.42.221 是可以使用的，这时选择使用交换机搭建一个小型局域网来扩充网络连接是最简单的办法。

市场上最简单的交换机是桌面交换机。桌面交换机一般有 5 个或 8 个端口，售价为 50～100 元人民币。图 2-15 是一个 5 口的桌面交换机。5 口的桌面交换机除了有一个端口连接到墙上的信息插座之外，还可以连接 4 台计算机。如果需要连接更多的计算机，则需要选购端口更多的交换机。

一般桌面交换机都支持 Auto-MDI/MDIX 翻转，从交换机连接到墙上的信息插座和从交换机连接到计

图 2-15 桌面交换机

算机,无论是使用直通网线还是使用交叉网线都没有关系。

使用交换机搭建小型局域网扩充网络连接的必要条件是原有网络内有空闲可以使用的 IP 地址。在使用交换机搭建的小型局域网内,配置新联网计算机的 TCP/IP 属性可以参考原有计算机的 TCP/IP 属性,除了 IP 地址不同之外,子网掩码、默认网关、DNS 都要和原有计算机的配置相同。

如果在网络内使用动态 IP 地址分配(在 TCP/IP 属性设置对话框中选择自动获得的选项),那么使用交换机搭建小型局域网就更为简单,只需要将交换机、计算机使用网线连接起来即可。

2.4.2　桌面路由器

如果有网络连接扩充的需求,而没有可以使用的 IP 地址,使用交换机就不可能实现对网络的扩充。例如在办公室环境中,在网络中没有采用动态 IP 地址分配策略,而且不能申请到可以使用的 IP 地址;或者在家庭环境中虽然使用 ADSL 连接时采用的是动态 IP 地址分配,但是只能从一台计算机上使用账号、密码建立连接,即便使用交换机连接了多台计算机,在同一时间也只能有一台计算机可以上网。

计算机联网必须使用一个 IP 地址,当没有可以使用的 IP 地址时,可以考虑使用私有 IP 地址,因为私有 IP 地址是可以随便使用的。

由 2.1 节内容可以知道,在公网中使用私有 IP 地址必须经过地址转换,而且使用私有 IP 地址之后,私有 IP 地址和公网 IP 地址肯定不是一个逻辑网络。例如原先使用的 IP 地址是 200.102.32.27,子网掩码是 255.255.255.0。假如有 3 台计算机需要联网,如果使用私有 IP 地址 192.168.1.1~192.168.1.3,显然原有的网络号是 200.102.3.0,而现在使用的网络号是 192.168.1.0。

在使用私有 IP 地址之后,使用私有 IP 地址的计算机组成一个内部网络,而公网 IP 地址属于外部网络。逻辑网络之间的连接需要使用网络连接设备——路由器。

为了适应搭建小型局域网的需求,市场上有大量的桌面路由器(Small Office Home Office,SOHO,家居办公)可供选择。桌面路由器不仅具备简单的路由功能,一般还兼有网络地址转换(NAT)、动态 IP 地址分配服务(DHCP)、防火墙、MAC 地址克隆、MAC 地址绑定、Auto-MDI/MDIX 翻转等功能。

桌面路由器有有线路由器(一般称为 SOHO 宽带路由器、有线宽带路由器)和无线路由器(一般称为无线宽带路由器)两种。它们主要用于在 ADSL 接入、小区宽带接入和局域网环境中连接用户自己搭建的小型局域网,达到网络接入扩充的目的。

桌面路由器一般把路由器和交换机功能集成在一起,它们不仅能够完成路由器的网络连接功能,也能够完成多台计算机的网络接入功能。常见的桌面路由器是把路由器和一个 4-8 端口交换机集成在一起;无线路由器一般在路由器上集成一个 4 端口的交换机,并且还有无线接入功能。有线宽带路由器、无线宽带路由器和内部连接示意图如图 2-16 所示。

在有线宽带路由器上,通过 LAN 交换机端口可以接入使用网线连接网络的计算机用户。无线宽带路由器和有线宽带路由器的区别仅在于多了一个无线接入天线,通过无线接入天线还可以接入多个计算机无线用户。

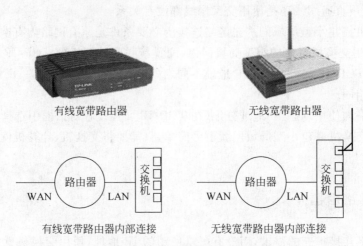

图 2-16　有线宽带路由器、无线宽带路由器和内部连接示意图

2.4.3　使用有线宽带路由器搭建小型局域网

　　图 2-17 所示的是一款带 4 个端口交换机的有线宽带路由器产品。图 2-17(a)所示的是有线宽带路由器的前面板。前面板上主要是指示灯,指示灯闪耀表示该端口工作正常;指示灯不亮说明该端口没有连接或工作不正常。图 2-17(b)所示的是有线宽带路由器的后面板,后面板上有一个广域网端口(WAN)和 4 个局域网端口(标有 1、2、3、4 的端口)、复位按钮和电源插孔。

(a) 前面板　　　　　　　　　　　(b) 后面板

图 2-17　一款带 4 个端口交换机的有线宽带路由器

1．网络连接

　　使用有线宽带路由器搭建小型局域网扩充网络连接的必要条件是该房间内原来有一台计算机可以联网。例如在办公室内原来有一台联网的计算机;又如在家庭环境中有一台计算机通过 ADSL 宽带上网或者通过小区宽带线路上网。

　　在使用有线宽带路由器搭建小型局域网进行联网计算机扩充时,首先将原来连接到计算机的网线连接到有线宽带路由器的 WAN 端口,然后将所有计算机使用网线连接到有线宽带路由器的局域网端口上。图 2-18 是通过 ADSL 线路连接的家庭局域网示意图。

2．路由器配置

　　使用宽带路由器搭建小型局域网扩充网络连接,在完成网络的硬件连接后还需要对宽带路由器进行一些简单的配置,否则计算机还不能联网工作。配置路由器的一般步骤如下。

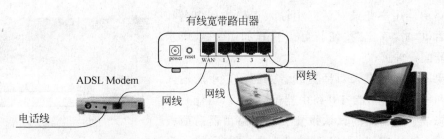

图 2-18　通过 ADSL 线路连接的家庭局域网

（1）查看路由器的默认 IP 地址设置

在对宽带路由器进行配置之前,首先必须阅读宽带路由器的用户手册,查找该路由器的出厂默认 IP 地址设置及默认子网掩码设置,即图 2-16 中路由器 LAN 端口的 IP 地址及子网掩码。如果不知道这个 IP 地址及子网掩码,就无法与路由器通信,也就不能对这个路由器进行配置。常见的宽带路由器默认 IP 地址是 192.168.1.1 或 192.168.0.1,默认子网掩码是 255.255.255.0,在进行路由器配置之前必须要从用户手册中得到确认。

（2）配置计算机的 TCP/IP 属性

在完成网络硬件连接,所有设备通电启动之后,需要参照路由器默认 IP 地址、子网掩码,配置连接到宽带路由器上的计算机的 TCP/IP 属性。配置计算机的 TCP/IP 属性时需要注意如下方面。

① IP 地址中的主机编号部分可以取 2～254 中的任意一个,但是不能重复。

② 子网掩码必须和路由器默认子网掩码一致。

③ 默认网关必须使用路由器的默认 IP 地址（LAN）。

④ DNS 服务器需要使用原来计算机上配置的 DNS 服务器参数,如果不知道原来 DNS 服务器的配置,可以稍后根据路由器上的显示内容配置。

例如在图 2-18 所示的网络连接中,如果查得宽带路由器的默认 IP 地址是 192.168.1.1,默认子网掩码是 255.255.255.0,可以参考表 2-4 对网络中的设备的 TCP/IP 属性进行配置。

表 2-4　网络中设备的 TCP/IP 属性配置

设备名称	IP 地址	子网掩码	默认网关	DNS 服务器
路由器	192.168.1.1	255.255.255.0		如果不知道,暂时可以不配置
台式计算机	192.168.1.2	255.255.255.0	192.168.1.1	
笔记本电脑	192.168.1.3	255.255.255.0	192.168.1.1	

（3）连接到路由器

桌面路由器都支持 Web 管理界面,在配置好 TCP/IP 属性并且连接到路由器的计算机上打开浏览器时,在浏览器地址栏中输入:

```
http://192.168.1.1
```

按 Enter 键之后出现路由器登录对话框,如图 2-19 所示。其中用户名和密码可以在路由器用户手册中查到,默认的用户名和密码都是 admin。

在路由器用户登录对话框中输入正确的用户名和密码之后,单击"确定"按钮就可以打开如图 2-20 所示的路由器配置首页。

如果不能显示登录对话框或者按照用户手册输入用户名和密码之后不能打开路由器配置首页,可能是因为有人修改了路由器的默认设置。使用路由器后面板上的 Reset 复位按钮,可以恢复路由器的出厂默认设置。恢复路由器的出厂默认设置的方法是,首先关闭路由器电源,使用一个针状物按下 Reset 按钮,打开路由器电源,等待 5 秒钟之后,松开 Reset 按钮即可。

图 2-19　路由器登录对话框

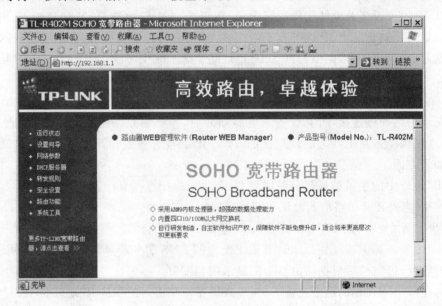

图 2-20　路由器配置首页

（4）广域网端口配置

在路由器配置首页中单击"网络参数"节点展开网络参数设置菜单,选择"WAN 口设置"选项,打开广域网端口设置界面,使用 ADSL 连接的 WAN 口设置界面如图 2-21 所示。

在使用 ADSL 连接的 WAN 口设置界面中,"WAN 连接类型"为 PPPoE,这时需要设置"上网账号"和"上网口令",即将原来在计算机中进行 ADSL 连接时使用的"上网账号"和"上网口令"设置在路由器上,当以后某个计算机需要上网时,路由器会使用"上网账号"和"上网口令"与网络服务提供商进行连接,所有的计算机不再需要使用"上网账号"和"上网口令"与网络服务提供商进行连接,从而实现多个计算机联网。

输入正确的"上网账号"和"上网口令"后,单击"连接"按钮就能够连接到 Internet。设置完成后还需要单击"保存"按钮让路由器保存"上网账号"和"上网口令"。

如果处在办公室局域网环境或小区宽带连接环境中,并且原先的计算机上使用的是静态的 IP 地址,那么在配置宽带路由器的广域网端口时,"WAN 连接类型"应该设置为"静态IP"。WAN 连接类型为静态 IP 的 WAN 口设置界面如图 2-22 所示。

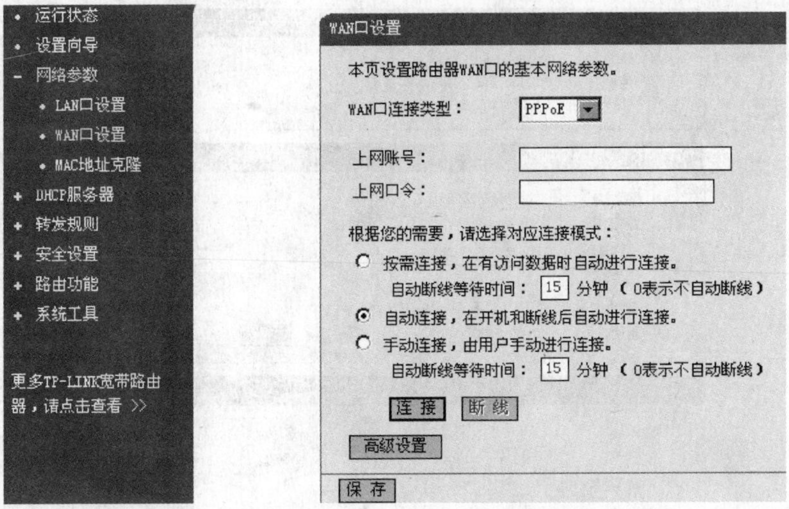

图 2-21 使用 ADSL 连接的 WAN 口设置界面

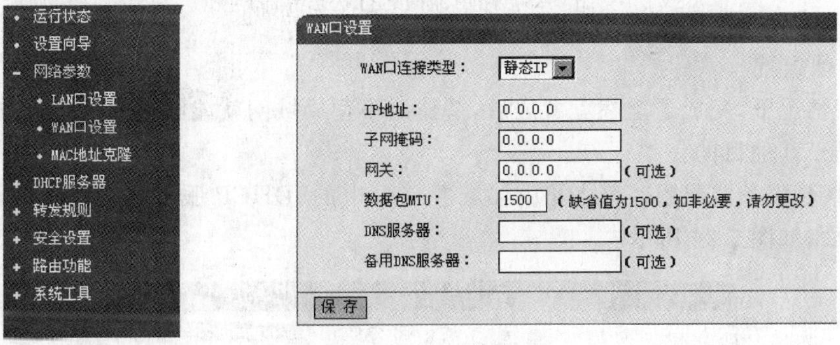

图 2-22 静态 IP 的 WAN 口设置界面

在"WAN 口连接类型"下拉列表框中选择"静态 IP"选项后,需要配置 IP 地址、子网掩码、网关和 DNS 服务器。这些参数需要参考原来联网的计算机上的 TCP/IP 属性配置或者从网络管理员处索取。

如果在办公室局域网环境或小区宽带连接环境中原先的计算机上的 TCP/IP 属性设置为自动获得,那么在宽带路由器的广域网端口配置中只需要将"WAN 口连接类型"设置为"动态 IP"就可以了。

配置完成后,单击"保存"按钮让路由器保存配置结果。

(5) 运行状态

在配置好广域网端口之后,一般不需要进行其他配置就可以上网了。在路由器连接上 Internet 之后,单击"运行状态"节点,打开路由器的运行状态界面,如图 2-23 所示。

在运行状态界面的"WAN 口状态"区域可以看到路由器获取的外部 IP 地址、子网掩码、网关和 DNS 服务器,如果在配置计算机的 TCP/IP 属性时不知道 DNS 服务器如何配置,就可以将 DNS 服务器的 IP 地址配置到计算机上。只有正确配置了 DNS 服务器,搭建的局域网内的计算机才能使用域名地址上网。

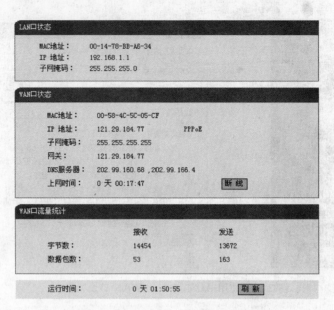

图 2-23　路由器的运行状态界面

（6）其他配置

在一般情况下，完成了上述配置之后，搭建的小型局域网就能够正常工作。也可以进行以下配置用于其他目的。

① DHCP 服务器配置。单击路由器配置首页中的"DHCP 服务器"节点，打开"DHCP 服务器"界面，如图 2-24 所示。

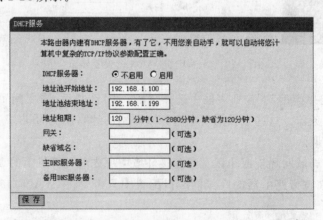

图 2-24　"DHCP 服务"界面

在"DHCP 服务"界面中，选中"启用"DHCP 服务器单选按钮，然后单击"保存"按钮，就可以启动 DHCP 服务器。在启动了 DHCP 服务器之后，连接到路由器局域网端口上的计算机在配置 TCP/IP 属性时，只需要选择自动获得的参数就可以了。

② MAC 地址克隆。有些网络服务提供商为了防止用户利用搭建小型局域网方式扩充网络连接，对用户的计算机进行了 MAC 地址绑定，即用户更换了计算机之后就不能上网。MAC 地址克隆就是针对这样的情况开发的应对技术。

在路由器配置首页的"网络参数"节点下选择"MAC 地址克隆"选项,打开的"MAC 地址克隆"界面如图 2-25 所示。

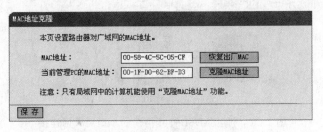

图 2-25　"MAC 地址克隆"界面

在"MAC 地址克隆"界面中,"MAC 地址"是路由器的 MAC 地址,如果不能连接,可以在该文本框中输入网络服务提供商绑定的 MAC 地址。网络服务提供商指定的 MAC 地址一般是原来联网的计算机的 MAC 地址,如果现在正在使用原来联网的计算机配置路由器,那么"当前管理 PC 的 MAC 地址"文本框中的 MAC 地址肯定就是网络服务提供商绑定的 MAC 地址,单击"克隆 MAC 地址"按钮,"当前管理 PC 的 MAC 地址"被克隆到"MAC 地址"文本框中,路由器将使用该 MAC 地址和网络服务提供商连接。

因为桌面路由器中都有 MAC 地址克隆功能,所以一般网络服务提供商也就不控制用户的网络扩充连接了。

③ 修改登录口令。如果希望修改默认的用户名和密码,可以在路由器配置首页中选择"系统工具"节点下的"修改登录口令"选项,在打开的"修改登录口令"对话框中输入原用户名、原口令和新用户名、新口令,单击"保存"按钮后,完成对登录用户名和密码的修改。

2.4.4　使用无线宽带路由器搭建小型局域网

在搭建小型局域网时,更多的人喜欢使用无线宽带路由器。使用无线连接不仅可以使计算机的位置灵活,室内整洁,更避免了在装修好的房间内再进行布线施工。

使用无线宽带路由器搭建小型局域网和使用有线宽带路由器几乎没有什么区别,仅仅是不需要使用网线连接,但是需要进行无线网络的配置和在计算机上安装、配置无线网卡。

1. 网络连接

虽然无线路由器可以使用无线网络连接方式,但是最好还是使用一台计算机通过网线连接到无线宽带路由器的局域网端口上,这样不仅节约了为一台计算机购置无线网卡的费用,而且还避免了这台计算机和其他的计算机争用无线信道,对于提高网络性能是有帮助的。利用 ADSL 连接搭建的小型局域网连接如图 2-26 所示。

2. 无线宽带路由器配置

无线宽带路由器的配置过程和有线宽带路由器的配置过程基本相同。使用图 2-26 所示连接中通过网线连接到无线宽带路由器 LAN 端口的计算机,像对有线宽带路由器的配置一样,根据路由器中的默认 IP 地址、默认子网掩码,配置好 PC 的 TCP/IP 属性,在浏览

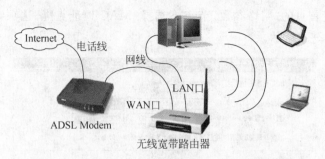

图 2-26　利用 ADSL 连接搭建的小型局域网连接

器地址栏中输入 http://无线宽带路由器 LAN 网关地址（例如：http://192.168.1.1），按照无线宽带路由器说明书给出的初始用户名称、密码设置，输入正确的用户名和密码后就能够进入无线宽带路由器的 Web 管理界面首页。

图 2-27 所示的是一款 TP-LINK 无线宽带路由器的 Web 管理界面。从图 2-27 中可以看到，除了主菜单中多了一项"无线参数"之外，其他和有线宽带路由器完全相同，所以下面主要介绍一下无线参数的配置。

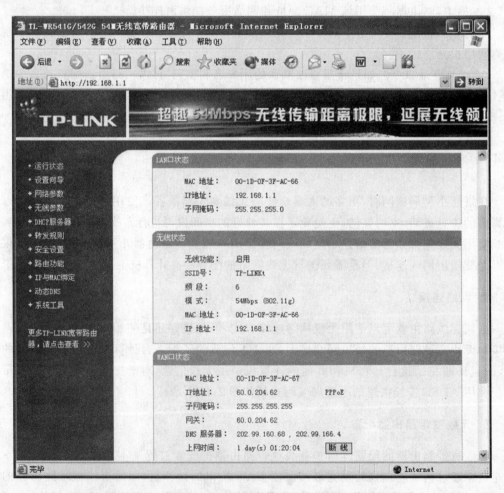

图 2-27　一款 TP-LINK 无线宽带路由器的 Web 管理界面

3. 无线宽带路由器"无线参数"设置

无线宽带路由器的"无线参数"设置界面如图 2-28 所示,其中除安全设置外,其他的一般都可以采用默认的设置。

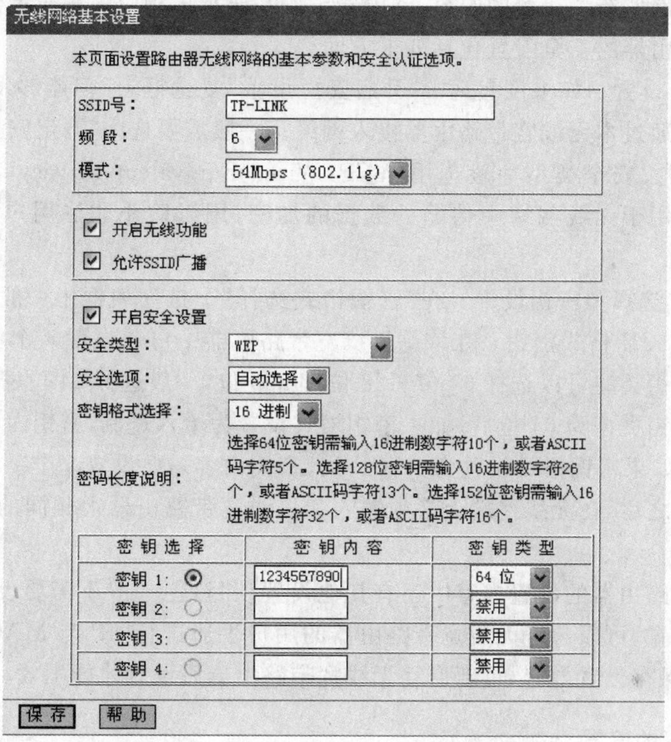

图 2-28　无线宽带路由器的"无线参数"设置界面

（1）SSID 设置

SSID 是无线网络的标志,可以修改成任意的字符串。

（2）频段

这里的频段一般是指信道号。无线宽带路由器使用 2.4～2.4835GHz 的频段,在这个频段中又划分了 13 个 22MHz 的信道。为了避免无线宽带路由器之间或其他家用微波设备的干扰,可以选择使用不同的频段。一般建议使用 1、6、11 频段。

（3）模式

模式是指支持的无线局域网标准,常见的有 IEEE 802.11b、IEEE 802.11g、IEEE 802.11g+和 IEEE 802.11n 模式。选择模式时需要注意和无线网卡的兼容性。如果选择了无线网卡不支持的标准,两者之间就不能通信。

（4）开启无线功能和允许 SSID 广播

在选中了"开启无线功能"复选框时,无线宽带路由器可以和其他无线终端之间通信,如果关闭了无线功能,无线宽带路由器就只能和使用网线连接到到局域网端口上的计算机通信。

在选中了"允许 SSID 广播"复选框时,在无线终端设备上可以看到 SSID,可以选择连接到该无线连接;如果关闭了该功能,在无线终端上就不能发现该无线连接。

（5）安全设置

进行无线网络的安全设置是为了防止非法用户连接到本网络。不进行安全设置时，路由器处于不设防状态，其他安装有无线网卡的计算机只要信号强度足够大就能够通过该路由器上网，这样不仅会造成网络流量增加，影响网速，更可能会引发安全事故。例如，他人通过这个路由器上网发布了违禁的内容，路由器主人需要承担相应的法律责任。

无线宽带路由器的安全设置包括如下方面。

① 开启安全设置。如果没有选中"开启安全设置"复选框，任何能够发现本 SSID 的计算机用户都可以通过本无线宽带路由器接入网络。一般需要选中"开启安全设置"复选框。

② 安全类型。安全类型一般选用 WEP（Wired Equivalent Privacy，有线等效保密协议）。WEP 主要用于无线网络中传输的数据的加密，用以防止非法用户窃听或侵入无线网络。

③ 密钥格式选择和密钥设置。在"密钥格式选择"下拉列表框中一般可以选择十六进制格式密钥和 ASCII 格式密钥。在该款无线宽带路由器中可以设置 4 个密钥，但一般只需要设置一个。密钥类型可以选择 64 位、128 位和 256 位，一般选择 64 位密钥类型。

在设置了密钥类型为 64 位后，如果密钥格式设置为十六进制，密钥内容需要设置 10 个十六进制数字；如果密钥格式设置为 ASCII 码，密钥内容需要设置 5 个字符。

设置了密钥之后，在无线终端上必须输入和无线宽带路由器上相同的密钥才能连接到本网络。

在无线宽带路由器的设置内容中还有其他设置项目，但一般不需要设置。如果需要更高的网络安全设置，可以参考无线宽带路由器的用户手册进行"IP 与 MAC 绑定"设置。设置结束后，需要保存设置内容，重新启动无线宽带路由器后设置才能生效。

4．无线终端的设置

在 PC 或笔记本电脑上安装了无线网卡之后便构成无线终端，通过无线网卡可以和无线路由器之间完成无线网络连接。无线网卡是无线终端的无线网络连接适配器，完成无线信号的发送、接收和介质访问控制。市场上的无线网卡产品有很多种。除了品牌之外，一般有 PCI 总线接口无线网卡、笔记本接口无线网卡和 USB 接口无线网卡。图 2-29 是 3 款 3 种类型的无线网卡。

图 2-29　3 款 3 种类型的无线网卡

（1）无线网卡的安装

一般无线网卡都附带驱动程序，将无线网卡连接到计算机之后，Windows 系统可以自动发现硬件，寻找驱动程序，完成无线网卡设备的安装。

无线网卡安装成功后，在计算机的"网络连接"窗口中会出现"无线网络连接"图标。无线网络连接的属性设置对话框如图 2-30 所示。

（2）无线网络连接属性设置

① 常规设置。在无线网络属性设置对话框的"常规"选项卡中可以设置无线网络连接的 TCP/IP 属性。无线局域网连接的 TCP/IP 属性设置与以太网连接的 TCP/IP 属性设置是一样的，注意默认网关应该设置成无线宽带路由的局域网网关地址。DNS 服务器设置和 WAN 口的设置相同。

② 无线网络配置。在无线网络属性设置对话框的"无线网络配置"选项卡中可以设置无线网络属性。"无线网络配置"选项卡如图 2-31 所示。

图 2-30　无线网络连接的属性设置对话框

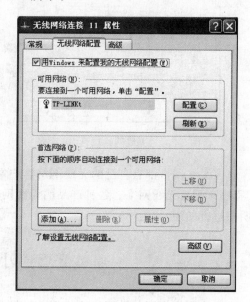

图 2-31　"无线网络配置"选项卡

在"无线网络配置"选项卡中主要设置网络连接站点。在"可用网络"列表框中会列出接收到的所有无线网络站点。当"可用网络"列表框中有多个无线站点时，可以将一个站点添加到"首选网络"列表框中，让系统每次进行无线连接时自动选择某个站点。即便没有设置首选网络，当完成一次网络连接后，连接的站点也会自动添加到"首选网络"列表框中。

在"可用网络"列表框中选择一个网络站点后，单击"配置"按钮，打开"无线网络属性"对话框，如图 2-32 所示。

在"无线网络属性"对话框的"关联"选项卡中，可以配置无线网络的连接属性，主要是无线网络密钥的配置。一般需要选中"数据加密（WEP 启用）"复选框，不选中"自动为我提供此密钥"复选框，在"网络密钥"和"确认网络密钥"文本框内输入和无线宽带路由器上设置的相同密钥。

如果没有配置"无线网络属性"对话框中的网络密钥，在进行无线网络连接时会弹出"无线网络连接"对话框，如图 2-33 所示。如果在"可用的无线网络"列表框中有无线网络站点，在"无线网络连接"对话框中输入"网络密钥"和"确认网络密钥"内容后，单击"连接"按钮就可以连接到无线网络。经过第 1 次无线连接的配置后，配置信息也会保存在无线网络属性配置文件中，和在"无线网络属性"对话框中配置的结果是一样的。

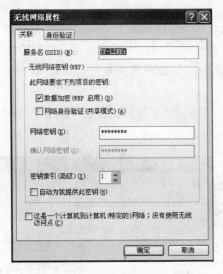

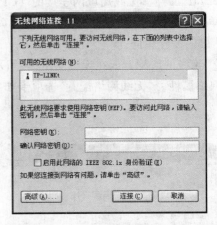

图 2-32 "无线网络属性"对话框　　　　图 2-33 "无线网络连接"对话框

许多无线网卡都有自己的无线网络客户端程序,也可以使用网卡自带的"无线网络客户端"程序来配置无线网络。各种产品的无线网络客户端程序不尽相同,可以根据无线网卡的说明书进行使用。

2.5　小　　结

本章主要介绍了与计算机网络简单维护和搭建简单计算机网络有关的必备知识,包括MAC 地址、IP 地址、端口地址和域名地址。介绍了 IP 地址、子网掩码、默认网关和 DNS 服务器的概念及计算机 TCP/IP 属性的配置方法。介绍了常见的简单网络故障的诊断与排除方法以及网线的制作方法,最后介绍了利用交换机、路由器搭建小型局域网的方法。

2.6　习　　题

1. 在表 2-5 中写出 IP 地址的类别和网络号、主机号。

表 2-5　IP 地址分析

IP 地 址	类　别	网络号	主机号
34.200.86.200			
200.122.1.2			
155.200.47.22			

2. 下列(　　)是可以分配给主机使用的 IP 地址。
    A. 156.33.0.0　　　B. 12.0.12.0　　　C. 202.201.11.255　　　D. 0.0.0.11
3. 图 2-34 所示是一个企业内部网络连接图。

(1) 还有哪些接口需要分配 IP 地址?

(2) 图中哪个 PC 分配的 IP 地址是错误的？为什么？应该怎样改正？

(3) 完成网络中所有应分配 IP 地址的接口 IP 地址分配。

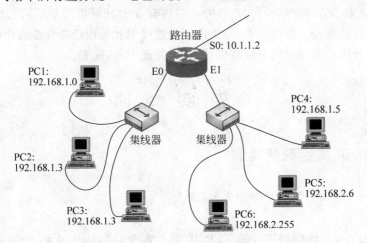

图 2-34 企业内部网络连接

4. 在浏览器地址栏中输入 http://www.baidu.com 时不能打开网站，而在浏览器地址栏中输入 http:// 202.108.22.5 能打开网站，这是什么原因？

5. 使用 ping 命令后，下列（　　）显示结果表示能够到达对方。

　　A. Destination host unreachable

　　B. Request timed out

　　C. Reply from 202.108.22.5：bytes＝32 time＝35ms TTL＝53

　　D. 都不是

6. 如果 ping 127.0.0.1 不通，表示（　　）发生了故障。

　　A. 协议软件　　　　　B. 网卡　　　　　　　C. 网线　　　　　　　D. 路由器

7. 下列（　　）线序是制作直通网线的正确标准。

　　A. 橙白/橙，绿白/蓝，蓝白/绿，棕白/棕　　　B. 绿白/绿，橙白/蓝，蓝白/橙，棕白/棕

　　C. 橙白/橙，绿白/绿，蓝白/蓝，棕白/棕　　　D. 绿白/绿，橙白/橙，蓝白/蓝，棕白/棕

8. 办公室中有一台计算机能够联网，TCP/IP 属性配置为：

IP 地址：200.100.10.18

子网掩码：255.255.255.0

默认网关：200.100.10.1

DNS：200.100.9.88

　　　　 200.100.15.66

现在又购置了一台笔记本电脑，为了让笔记本电脑也能够联网，购置了一个 5 口桌面交换机和两条网线，并且从网络管理员处申请了一个可以使用的 IP 地址为 200.100.10.231，如果能够使笔记本联网工作，笔记本的 TCP/IP 属性应该如何配置？

　　IP 地址：

　　子网掩码：

　　默认网关：

　　DNS：

9. 办公室中的墙上只有一个信息插头,网络管理中心为该办公室只提供了一个 IP 地址 200.138.26.37,子网掩码为 255.255.255.224,默认网关为 200.138.26.33,DNS 配置为 202.99.160.68 和 202.99.168.4。现在办公室内有 3 台计算机需要联网工作,试设计一种能够让 3 台计算机联网工作的方案,并给出网络连接图和所用设备具备的功能、应该完成的配置及各个计算机的 IP 地址、子网掩码、默认网关及 DNS 配置。

2.7 实 训

2.7.1 TCP/IP 属性配置实训

实训学时:2 学时 实训组学生人数:5 人

实训目的

练习 Windows 系统网络连接的 TCP/IP 属性配置,理解 IP 地址、子网掩码、默认网关和 DNS 服务器的概念,掌握 TCP/IP 属性配置方法。

实训环境

1. 安装有 TCP/IP 通信协议的 Windows XP 系统的 PC 5 台

2. 8 端口以上的以太网交换机 1 台

3. 5 类 UTP 直通网线 6 条

4. 安装有 Web 服务的 Windows 系统 1 台

5. 实训外部网络环境

实训外部网络环境等效图如图 2-35 所示。要求为每组提供连接网关以及 NAT 地址转换功能。

图 2-35 实训外部网络环境等效图

实训准备

1. 按图 2-36 所示结构完成网络连接。按照实训分组编号 x 将交换机连接到对应的 10.0.x.1 网关上。

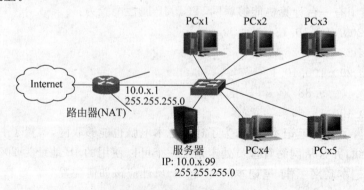

图 2-36 实训网络连接图

2. 配置服务器上的 Web 服务,当网络连通后,在 PC 浏览器中使用 http://10.0.x.99 可以打开 Serverx 上的网站首页,显示"欢迎您来到 Serverx"。

3. 公布本地首选 DNS 服务器地址及备用 DNS 服务器地址。

实训内容

1. Windows 主机的网络连接 TCP/IP 属性配置。

(1) 根据实训小组编号,为 PCx1～PCx5 分配 IP 地址。

(2) 打开 PC 的 TCP/IP 属性设置对话框。

(3) 进行 PC 的 TCP/IP 属性设置。

(4) 进行网络内部连通性测试。

(5) 进行 Internet 连接的测试。

2. IP 地址使用规则等的验证。

(1) IP 地址使用规则验证。

(2) 默认网关 IP 地址验证。

(3) 错误 IP 地址的使用。

实训指导

1. Windows 主机的网络连接 TCP/IP 属性配置

(1) 为 PCx1～PCx5 分配 IP 地址,小组成员要协商分配,避免 IP 地址冲突。

(2) 打开 PC 的 TCP/IP 属性设置对话框。

① 新建网络连接(在没有网络连接时需要做,有网络连接时可以省略)。在 Windows XP 系统中使用"开始"|"连接到"|"显示所有连接"命令打开"网络连接"窗口。在"网络连接"窗口中如果没有"网络连接"图标,单击"网络连接"窗口中的"创建一个新的连接"链接,打开"新建连接向导"对话框。单击"新建连接向导"对话框中的"下一步"按钮,打开"网络连接类型"对话框。在"网络连接类型"对话框中选中"连接到 Internet"单选按钮,单击"下一步"按钮,打开"准备好"对话框。选中对话框中的"手动设置我的连接"单选按钮,单击"下一步"按钮,打开"Internet 连接"对话框,如图 2-37 所示。

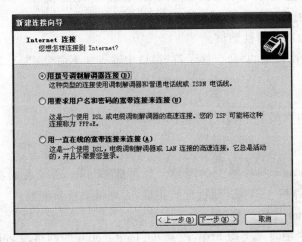

图 2-37 "Internet 连接"对话框

在"Internet 连接"对话框中,对于电话拨号上网应该选择第 1 项;对于 ADSL 上网应该选用第 2 项,对于直接连接到网络内的计算机,应该选择第 3 项。对于本网络应该选择"Internet 连接"对话框中的第 3 项。单击"下一步"按钮,在新打开的对话框中单击"完成"

按钮后，"网络连接"窗口中就会显示网络连接图标。

②　打开"TCP/IP 属性"窗口。在 Windows XP 系统中使用"开始"|"连接到"|"显示所有连接"命令打开"网络连接"窗口，右击"网络邻居"图标，在弹出的快捷菜单中选择"属性"命令，也可以打开"网络连接"窗口。在"网络连接"窗口中右击"网络连接"图标，在弹出的快捷菜单中选择"属性"命令，打开"本地连接 属性"对话框，如图 2-38 所示。在"本地连接 属性"对话框的"此连接使用下列项目"列表框中选中"Internet 协议（TCP/IP）"复选框，单击"属性"按钮，打开"Internet 协议（TCP/IP）属性"对话框。

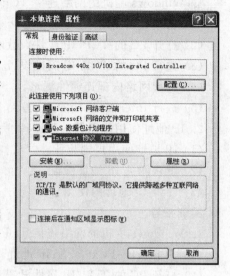

图 2-38　"本地连接 属性"对话框

（3）进行 PC 的 TCP/IP 属性配置。

在"Internet 协议（TCP/IP）属性"对话框中选中"使用下面的 IP 地址"单选按钮，配置 IP 地址、子网掩码、默认网关。

IP 地址：根据预先分配给 PC 的 IP 地址配置。

子网掩码：配置为与网关相同的子网掩码 255.255.255.0。

默认网关：本网络连接到的路由器端口地址 10.0.x.1。

DNS 服务器：根据公布的首选 DNS 服务器地址及备用 DNS 服务器地址配置。

单击"确定"按钮关闭"Internet 协议（TCP/IP）属性"对话框和"本地连接 属性"对话框，返回"网络连接"窗口。右击"本地连接"图标，在弹出的快捷菜单中选择"停用"命令，当"本地连接"图标变成灰色，显示本地连接被禁用后，双击"本地连接"图标，重新启动本地连接，显示本地连接已启用后，TCP/IP 属性设置生效。

（4）进行网络内部连通性测试。

在 Windows 操作系统的"命令提示符"窗口中输入如下命令：

```
ping 10.0.x.99
```

看能否 ping 通，或在 IE 浏览器地址栏中输入：

```
http://10.0.x.99
```

看能否打开 Serverx 服务器上的网站。如果能够 ping 通或者能够显示"欢迎您来到 Serverx"，说明该计算机 TCP/IP 属性配置正确，否则需要重新配置。

（5）进行 Internet 连接的测试。

在计算机地址栏中输入类似 http://www.baidu.com 的网络域名地址，如果能够打开相应网站，说明 DNS 服务器配置正确，否则需要重新配置 DNS 服务器。

2. IP 地址使用规则验证

（1）给 PC 配置以下 IP 地址，查看系统的报错信息：

```
10.0.x.0
```

```
10.0.x.255
127.0.0.1
10.0.x.99
```

（2）默认网关 IP 地址验证。

将 PC 的默认网关修改为 10.0.x.99 后，测试 Internet 是否能够连通。

（3）错误 IP 地址的使用。

将 PC 的 IP 地址设置成 10.1.x.y（y 为原先分配的主机编号），即网络地址设置错误后，测试能否打开 http://10.0.x.99 Web 网站和能否打开 Internet 上的网站。

实训报告

TCP/IP 属性配置实训报告

报告人信息：

	PC 编号	IP 地址	子网掩码	默认网关
IP 地址分配				
DNS 服务器				
连通性测试 "＿"填写组号（下同）	ping 10.0.＿.99		通□　　不通□	
	http://10.0.＿.99	显示：		
	http://www.baidu.com	显示：		
能否给 PC 配置 10.0.＿.0，10.0.＿.255 和 127.0.0.1 的 IP 地址？			能□　不能□	
能否给 PC 配置 10.0.＿.99 的 IP 地址，为什么？				
默认网关设置为 10.0.＿.99 后连通性测试结果			通□　　不通□	
实训收获				

素质训练自我评价报告

素质训练自我评价报告表

报告人信息：

项　目	内　　容	自　我　评　价				
		5	4	3	2	1
专业素质	IP 地址使用					
	默认网关认知					
	子网掩码认知					
	DNS 认知					
	TCP/IP 属性配置技能					
	网络连通性测试技能					

续表

项　目	内　　容	自 我 评 价				
		5	4	3	2	1
综合素质	团队协作意识					
	独立工作能力					
	资料阅读与分析能力					
	交流与沟通及组织能力					
	职业道德(维护工作现场秩序)					
	遵纪意识					
综合评价	总分(60)					

2.7.2　无线局域网组网实训

实训学时：2 学时　实训组学生人数：5 人

实训目的

练习在工作环境中利用无线局域网进行网络扩充的技能。

实训环境

1. 安装有 TCP/IP 通信协议的 Windows XP 系统的 PC　5 台

2. 桌面无线路由器　1 台

3. USB 口无线网卡　4 个

4. 安装有 Web 服务的 Windows 系统　1 台

5. 100Mbps 网线　1 条

6. 实训外部网络环境

实训外部网络环境等效图如图 2-35 所示。要求为每组提供连接网关以及 NAT 地址转换功能。

实训准备

1. 按图 2-39 所示结构完成网络连接。按照实训分组编号 x 将无线路由器 WAN 口连接到对应的 10.0.x.1 网关上。

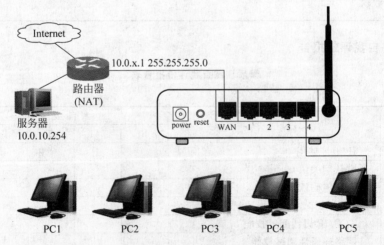

图 2-39　实训网络连接图

2. 配置服务器上的 Web 服务,当网络连通后,在 PC 浏览器中使用 http://10.0.x.99 可以打开 Serverx 上的网站首页,显示"欢迎您来到 Serverx"。

3. 公布本地首选 DNS 服务器地址及备用 DNS 服务器地址。

4. 无线路由器 LAN 端口 IP 地址设置为 192.168.1.1,子网掩码为 255.255.255.0。用户名和密码均使用 admin。

实训内容

1. 无线路由器配置。

2. 无线终端配置。

实训指导

1. 无线路由器配置

(1) 为 PC5 设置 IP 地址和子网掩码分别为 192.168.1.2 和 255.255.255.0,默认网关为 192.168.1.1。

(2) 在 PC5 上打开 IE,使用 http://192.168.1.1 进入路由器配置管理界面,进行如下配置并保存各个页面的配置。

① 网络参数——WAN 口设置。

WAN 口连接类型:静态 IP。

IP 地址:10.0.x.2。

子网掩码:255.255.255.0。

网关:10.0.x.1。

DNS 服务:按照公布的 DNS 服务器 IP 地址配置。

② 无线参数——基本配置。

SSID 号:APx(x 为组号)。

频段:选择 1、6、11 中的一个。

模式:选择 802.11g、802.11n 或根据无线网卡支持的标准设置。

选中"开启无线功能"和"允许 SSID 广播"复选框。

选中"开启安全设置"复选框,安全类型设置为 WEP;密钥格式设置为"十六进制",并设置密钥类型及一个密钥。

③ DHCP 服务器:可以启用,也可以不启用。启用 DHCP 服务后,PC 上的 TCP/IP 属性可以设置为自动获得。

④ 在"系统工具"界面中选择"重新启动"选项,使所有配置内容生效。

2. 无线终端配置

(1) 在 PC1~PC4 上安装无线网卡驱动程序。

(2) 在"网络连接属性"对话框中完成如下配置。

① TCP/IP 属性配置:根据无线路由器中的 DHCP 服务器的配置情况可以选择自动获取或静态配置。如果使用静态配置,需要注意 IP 地址的分配及 DNS 服务器地址的配置。

② 无线网络配置:选择本组的 SSID 标识,并设置网络密钥。

3. 网络连接测试

使用 http://10.0.10.254 登录测试网站或登录 Internet 上的网站测试网络能否连通。

实训报告

<h3 style="text-align:center">无线网络配置实训报告</h3>

报告人信息:

与无线宽带路由器 有线连接的 PC 配置	IP 地址	
	子网掩码	
	默认网关	
与无线宽带路由器的连接	连接地址	http://
	用户名	
	密码	
无线宽带路由器配置	WAN 口	
	IP 地址	
	子网掩码	
	默认网关	
	DNS	
	备用 DNS	
	LAN 口	
	IP 地址	
	子网掩码	
	无线参数	
	SSID 号	
	频段	
	模式	
	安全类型	
	密钥格式选择	
	密钥类型(密钥 1)	
	密钥内容(密钥 1)	
无线终端无线网络连接配置 (配置的 PC)	IP 地址	
	子网掩码	
	默认网关	
	DNS	
	备用 DNS	
	可用的无线网络	
	网络密钥	
网络测试	连接网站(http://www.baidu.com)	测试结果:

素质训练自我评价报告

素质训练自我评价报告表

报告人信息：

项　　目	内　　容	自　我　评　价				
		5	4	3	2	1
专业素质	IP 地址使用					
	默认网关认知					
	子网掩码认知					
	DNS 认知					
	无线路由器认知					
	WAN、LAN 认知					
	SSID、频段、模式认知					
	无线路由器配置技能					
	无线终端配置技能					
	网络密码配置技能					
	TCP/IP 属性配置技能					
	网络连通性测试技能					
综合素质	团队协作意识					
	独立工作能力					
	资料阅读与分析能力					
	交流与沟通及组织能力					
	网络安全意识					
	信息保密意识					
	职业道德(维护工作现场秩序)					
	遵纪意识					
综合评价	总分(100)					

第3章 简单网络服务器的搭建

网络上最常见的应用是网站。一个制作完成的网站如何让他人浏览？网站如何发布到远程服务器上？这些问题都需要网络服务的支持。要全面地解决网络服务问题是非常复杂的工作，是需要专业技术人员完成的工作。对于非专业人员，掌握简单的网络服务器搭建技能并不是困难的事情。掌握了简单的网络服务器搭建技能对于简单的网络应用会有很大的帮助。

本章主要介绍在 Windows Server 2003 上的几种常用的网络服务器搭建技术，但是完成本章操作的前提是需要一个安装有 Windows Server 2003 操作系统的计算机（一般称为 Windows 服务器），而且操作者必须掌握该系统的管理员密码，即必须以系统管理员 administrator 的身份进入系统，或者说必须具有系统管理员的操作权限，才能够进行这些服务器的搭建与配置工作。

3.1 搭建 Web 服务器

Web 服务器也称为 WWW(World Wide Web)服务器，是 Internet 上发布信息的服务器。网站必须发布到 Web 服务器上才能在网络上浏览。

Web 服务器是 Windows 系统中 IIS(Internet Information Server,Internet 信息服务器)组件中的一个功能模块，在 Windows 中安装了 IIS 后就具备了 Web 服务功能。

在 Windows XP SP3 系统中可以使用 IIS 5.1 版本；在 Windows Server 2003 上可以使用 IIS 6.0 版本。下面以 Windows Server 2003 上的 IIS 6.0 为例介绍简单 Web 服务器的搭建。

3.1.1 在 Windows Server 2003 上搭建 Web 服务器

1. 搭建 Web 服务器的准备工作

(1) IP 地址及网络连接

搭建 Web 服务器的目的是把网站架设在服务器上，供企业内部用户或 Internet 上的用户浏览，或者是搭建企业的办公网站。为了使网站能够 24 小时不间断地提供服务，一般需要一个固定的 IP 地址（静态 IP 地址）和一个连接到 Web 服务器所在网络的专线通信线路。

在企业内部网络中,Web 服务器的 IP 地址可以使用私有 IP 地址。在学习 Web 服务器配置时也可以使用私有 IP 地址。但是对于放置在 Internet 中的 Web 服务器,或者供 Internet 用户访问的 Web 服务器,最好使用公网 IP 地址。如果希望使用私有 IP 地址的 Web 服务器能够被 Internet 上的用户访问,对于非专业人员是一个非常复杂的问题,需要请专业技术人员进行相应的配置。

(2) 可以浏览的网页文件

为了在完成 Web 服务器搭建之后进行测试,预先准备一个可以浏览的网页文件,下面给出一个网页文件的例子。

【例 3-1】 测试网页。

```
< html >
< head >
< title >测试网页</title >
</head >
< body >
< p style = "position:absolute;top:50;left:40;z − index:1;width:660;height:300px;
border − style:outset;border − width:3mm;border − color:green;background − color:ffcc99" >
< div style = "position:absolute;top:90;left:280;z − index:2;
font − family:'隶书';font − size:60px;">咏    柳</div></br >
< div style = "position:absolute;top:180;left:90;z − index:2;
font − family:'楷体_gb2312';font − size:36px;">
碧玉妆成一树高,万条垂下绿丝绦.< br >
不知细叶谁裁出,二月春风似剪刀.< br >
</div >
< div style = "position:absolute;top:280;left:560;z − index:3;
font − family:'楷体_gb2312';font − size:16px;">贺知章</div >
</body >
</html >
```

在 D 盘根目录下创建一个文件夹:mysite,将上面测试网页的内容输入到一个记事本文件中,在"文件"菜单中选择"另存为"命令,打开"另存为"对话框,在"保存在"下拉列表框中选择 D:\mysite,在"保存类型"下拉列表框中选择"所有文件"选项,"文件名"使用 index.html,进行保存备用。

2. 在 Windows Server 2003 上安装 IIS 6.0

在 Windows Server 2003 上选择"开始"|"管理工具"菜单,如果"管理工具"菜单中没有 "Internet 信息服务(IIS)管理器"命令,则需要安装 IIS 6.0。IIS 6.0 的安装过程如下:

(1) 将 Windows Server 2003 安装盘放入光驱。

(2) 选择"开始"|"控制面板"|"添加或删除程序"命令,打开"添加或删除程序"窗口,单击"添加/删除 Windows 组件"按钮,打开"Windows 组件向导"对话框,如图 3-1 所示。

(3) 在"Windows 组件向导"对话框中选中"应用程序服务器"复选框,单击"详细信息"按钮,打开"应用程序服务器"对话框,如图 3-2 所示。

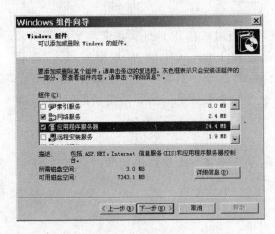

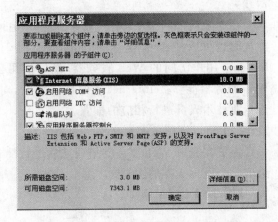

图 3-1 "Windows 组件向导"对话框   图 3-2 "应用程序服务器"对话框

（4）在"应用程序服务器"对话框中选中"Internet 信息服务（IIS）"复选框（如果使用 ASP.NET 技术开发动态网站，在这里还要选中 ASP.NET 复选框），单击"详细信息"按钮，打开"Internet 信息服务（IIS）"对话框，如图 3-3 所示。

（5）在"Internet 信息服务（IIS）"对话框中，一般需要选中的复选框有：FrontPage 2002 Server Extensions、"Internet 信息服务管理器"、"公用文件"、"文件传输协议（FTP）服务"。选中"文件传输协议（FTP）服务"复选框可以在 IIS 中安装 FTP 服务器，避免了再单独安装 FTP 服务器组件。最后选中"万维网服务"复选框，单击"详细信息"按钮，打开"万维网服务"对话框，如图 3-4 所示。

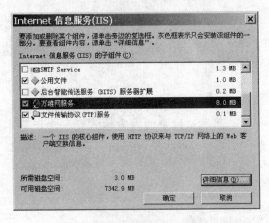

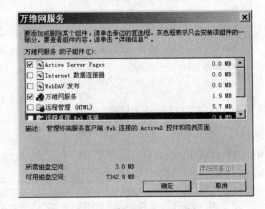

图 3-3 "Internet 信息服务（IIS）"对话框   图 3-4 "万维网服务"对话框

（6）在"万维网服务"对话框中一般需要选中的复选框有 Active Server Pages 和"万维网服务"，单击"确定"按钮就可以完成 IIS 6.0 的安装。

（7）在 IIS 6.0 安装完成之后，系统就可以提供 Web 服务了。在浏览器地址栏中输入 http://本机 IP 地址或本机的计算机名称，可以打开测试网页。例如本机的 IP 地址是 192.168.1.23，在浏览器地址栏中输入 http://192.168.1.23，打开的测试网页如图 3-5 所示。

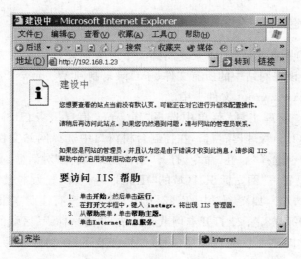

图 3-5　测试网页

3.1.2　配置默认 Web 网站

1. Web 网站初始状态

在 IIS 安装之后，在"开始"|"管理工具"菜单中选择"Internet 信息服务(IIS)管理器"命令，打开"Internet 信息服务(IIS)管理器"窗口，如图 3-6 所示。

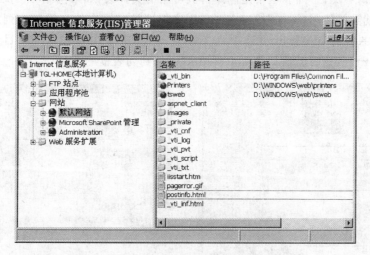

图 3-6　"Internet 信息服务(IIS)管理器"窗口

在图 3-6 所示的控制台树窗口中可以看到"网站"文件夹下已经存在"默认网站"和其他管理网站。选择"默认网站"选项，在列表窗口中显示的是目前默认网站中的内容。在管理器窗口中可以看到除了一些预置的文件夹外，还有 iisstart.htm 网页文件，图 3-5 所示的就是 iisstart.htm 网页文件的内容。

默认网站的默认存储位置是 Windows 系统安装盘根目录下 Inetpub 文件夹中的 wwwroot 目录。

2. 默认网站属性配置

（1）将网站中的所有文件、子目录复制到一个服务器硬盘的文件夹中。如果使用默认站点的存储位置，应该将网站中的所有文件、子目录复制到 Windows Server 2003 安装硬盘根目录下的 Inetpub\wwwroot 文件夹中。

（2）在"开始"|"管理工具"菜单中选择"Internet 信息服务(IIS)管理器"命令，打开"Internet 信息服务(IIS)管理器"窗口，在控制台树窗口中选择网站文件夹下的"默认网站"选项，在"操作"菜单中选择"属性"命令，打开"默认网站 属性"对话框，如图 3-7 所示。

（3）网站标识设置。"网站标识"区域的"IP 地址"需要设置为本服务器的 IP 地址（或者选择"全部未分配"选项），如图 3-7 中的 192.168.1.23，在没有注册本服务器的域名地址时，需要使用 http://192.168.1.23 打开本例默认网站。"网站标识"区域的"TCP 端口"一般不需要改动。80 是 HTTP 协议的默认端口号，如果修改了，例如修改为 8000，打开本例默认网站时需要使用 http://192.168.1.23:8000。

（4）网站主目录设置。在"默认网站 属性"对话框的"主目录"选项卡中可以设置网站目录路径。如果网站文件没有放置到 Windows Server 2003 安装硬盘根目录下的 Inetpub\wwwroot 目录中，需要通过"浏览"按钮选择网站主目录。例如在 3.1.1 小节进行搭建 Web 服务器的准备工作时，将例 3-1 的测试网页存放到了 D:\mysite 目录中，这里可以通过"浏览"按钮设置网站主目录为 D:\mysite。

（5）网站首页文档设置。在"默认网站 属性"对话框中选择"文档"选项卡，如图 3-8 所示，"启用默认内容文档"列表框中是网站首页可用的文件名，如果网站首页文件名使用了其他的文件名，就需要使用"添加"按钮在列表框中把网站首页文件名添加到列表框中。例如在列表框中如果没有 index.html 选项，而例 3-1 的测试网页在 D:\mysite 目录中的对应文件名是 index.html，这时就需要把 index.html 添加到列表框中。

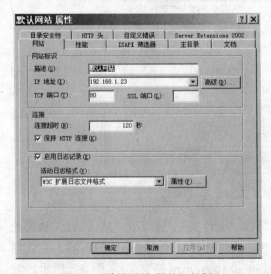

图 3-7　"默认网站 属性"对话框

图 3-8　"文档"选项卡

在以上内容设置完成后，在浏览器地址栏中输入 http://IP 地址，就可以浏览该网站。在本例中，使用和本服务器联网的一台计算机或是在本服务器上打开浏览器，在地址栏中输

入http://192.168.1.23,就可以打开放置在 D:\mysite 网站目录中的测试网页,网页显示
结果如图 3-9 所示。

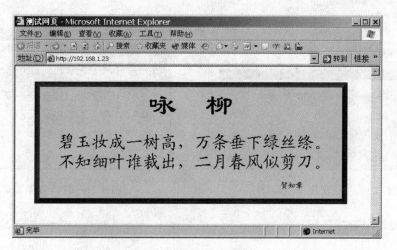

图 3-9 网页显示结果

3.2 搭建简单 DNS 服务器

在 3.1 节中搭建的 Web 网站需要使用"http://IP 地址"方式访问,要想像浏览其他网
站那样使用域名地址,在不同的情况下可以采用不同的方法。

（1）对于使用公网 IP 地址的 Web 服务器,可以到 ISP(Internet Service Provider,互联
网服务提供商)处注册一个域名。

（2）对于使用私有 IP 地址的企业内部网络或者在公网中获得上级域名委派管理若干
公网网络地址的机构,可以搭建 DNS 服务器,以便为网络内的其他主机注册域名。

搭建 DNS 服务器也是一个很专业的工作,对于非计算机专业人员,只需要掌握基本的
DNS 服务器配置技能。

3.2.1 在 Windows Server 2003 上安装 DNS 服务器

在 Windows Server 2003 中,安装 DNS 服务器也需要通过"添加/删除 Windows 组件"
来完成。在如图 3-1 所示的"Windows 组件向导"对话框中选中"网络服务"复选框,单击"详
细信息"按钮,打开"网络服务"对话框,如图 3-10 所示。在"网络服务"对话框中选中"域名
系统(DNS)"复选框,单击"确定"按钮,便可以开始 DNS 服务器的安装。

3.2.2 DNS 服务器的简单配置

1. 打开 DNS 管理器窗口

在"开始"|"管理工具"菜单中选择 DNS 命令,打开 DNS 管理器窗口,如图 3-11 所示。

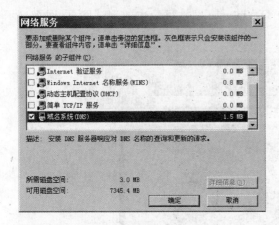

图 3-10 "网络服务"对话框

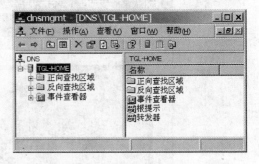

图 3-11 DNS 管理器窗口

2．新建正向查找区域

在 DNS 控制台树窗口中右击"正向查找区域"节点，在弹出的快捷菜单中选择"新建区域"命令，打开新建区域向导的"欢迎"对话框。在新建区域向导的"区域类型"对话框中选中"主要区域"单选按钮，然后单击"下一步"按钮，打开新建区域向导的"区域名称"对话框，如图 3-12 所示。

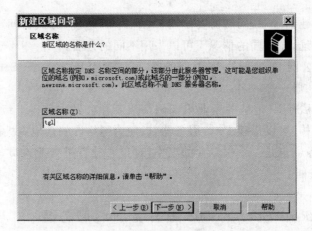

图 3-12 "区域名称"对话框

区域名称实际上就是域名的一部分。如果由上级 ISP 委派域名，这个区域名称必须按照委派的域名填写。例如上级 ISP 委派的域名是 cnut．edu．cn，那么区域名称就必须设置为 cnut．edu．cn，以后在这个 DNS 上注册的域名就是 www．cnut．edu．cn 之类的；如果是在内部网络中，本 DNS 也只能在内部网络中提供域名服务，所以这个区域名称可以选择一个自己喜欢的名称，例如图 3-12 中的区域名称为 tgl，这个区域名称就是本 DNS 上的顶级域名。

输入区域名称后，单击"下一步"按钮会打开"区域文件"对话框，该对话框中提示系统将创建一个区域文件，文件名为"区域名称．dns"。一般不需要更改默认的区域文件名称。在回答完向导的"提问"之后，新建正向查找区域操作完成，在 DNS 管理器窗口中"正向查找区域"文件夹下会出现新建的区域名称。

3．注册主机域名

在如图 3-13(a)所示的 DNS 控制台树窗口中右击新建的区域名称,在弹出的快捷菜单中选择"新建主机"命令,打开如图 3-13(b)所示的"新建主机"对话框。在"新建主机"对话框的"名称"文本框中输入需要注册的计算机主机名称,例如 www,在"完全合格的域名(FQDN)"文本框内就会显示出完整的域名,在本例中完整的域名为 www.tgl;在"IP 地址"文本框内输入注册的计算机 IP 地址,例如 192.168.1.23,并且选中"创建相关的指针(PTR)记录"复选框(选中该复选框后,系统会自动创建反向查找记录),单击"添加主机"按钮,在 tgl 正向查找区域列表内就添加了一条主机名称与 IP 地址关联的记录,即完成了一个主机的域名注册。

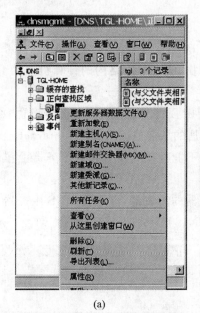
(a)

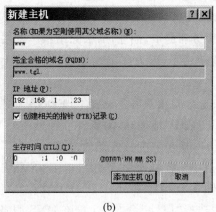
(b)

图 3-13　新建主机

在对主机域名进行注册之后,再访问该 Web 站点时就可以使用域名地址了,不过需要对客户机上的 TCP/IP 属性进行正确的配置。在客户机的 TCP/IP 属性对话框中"首选 DNS 服务器"应该设置成本 DNS 服务器的 IP 地址。例如,在本例中需要设置为 192.168.1.23。然后在浏览器地址栏中就可以使用域名地址访问注册主机,例如在本例中使用 http://www.tgl 就能够打开如图 3-9 所示的网站测试网页。

对于一个计算机,或者说对于一个 IP 地址可以注册多个域名。例如在图 3-14 中就是对 IP 地址 192.168.1.23 注册了 3 个主机名称(或者称别名):www、ftp、jx,在 tgl 正向查找区域的列表中可以看到 3 条主机记录,对应的域名分别为 www.tgl、ftp.tgl、jx.tgl。

一个主机 IP 地址注册了多个域名地址之后,如果没有对主机名称进行过特殊的配置,其使用结果是相同的,例如这时使用 http://www.tgl 和使用 http://ftp.tgl 没有任何区别。

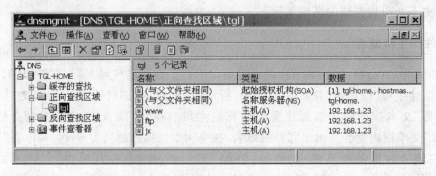

图 3-14　同一个 IP 地址注册了 3 个主机名称

4. 配置 DNS 服务器的转发器

　　在搭建本地 DNS 服务器之前,在计算机的 TCP/IP 属性设置对话框中都有首选 DNS 服务器和备用 DNS 服务器配置。在搭建了本地 DNS 服务器之后,在该 DNS 服务器上注册的主机域名地址都需要在这个 DNS 服务器中查找,所以本网络内的计算机上的 DNS 服务器应该设置成该服务器的 IP 地址。

　　但是如果在为本网络中的计算机配置 TCP/IP 属性时,在 DNS 服务器设置中仅仅只有本地 DNS 服务器的 IP 地址,那么除了在本地注册的域名地址之外,在 Internet 上的域名地址就都不能使用了,因为在本地 DNS 服务器上不能查找到没有在该服务器上注册的主机域名。

　　要解决这个问题就需要设置本地 DNS 服务器的转发器,即在该 DNS 服务器上查找不到该域名对应的 IP 地址时,需要转发到另一个 DNS 服务器去进行递归查询。

　　配置 DNS 服务器的转发器的过程如下:

　　(1) 在 DNS 控制台树窗口右击 DNS 服务器的名称(图 3-14 中的 TGL-HOME),在弹出的快捷菜单中选择"属性"命令,打开该 DNS 服务器的属性对话框。在"属性"对话框中选择"转发器"选项卡,如图 3-15 所示。

　　(2) 在"转发器"选项卡的"所选域的转发器的 IP 地址列表"文本框中输入一个上一级 DNS 服务器的 IP 地址,单击"添加"按钮将 DNS 服务器的 IP 地址添加到列表框中。一般需要将原来首选 DNS 服务器或备用 DNS 服务器的 IP 地址都添加到转发器 IP 地址列表框中。

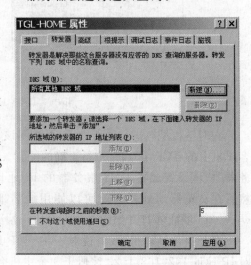

图 3-15　"转发器"选项卡

　　(3) 在配置好 DNS 服务器的转发器之后,在该 DNS 服务器中查找不到的域名会自动进行递归查询,在本地网络的计算机上配置 TCP/IP 属性时,DNS 服务器只需要配置本地 DNS 服务器的 IP 地址。

3.3　搭建简单 FTP 服务器

FTP(File Transfer Protocol,文件传输协议)是用于计算机之间传输文件的协议。在网络化的办公和应用系统中,经常需要相互传递文件,在网络中"上传"和"下载"文件一般都是利用 FTP 服务器完成的。在网站发布中,将制作完成的网页文件上传到 Web 服务器,一般也需要使用 FTP 完成。

Windows 和其他网络操作系统都支持 FTP,在 Windows 系统中使用 FTP 比较简单方便,用户可以在浏览器窗口中通过单击鼠标完成文件的上传和下载操作。在 UNIX/Linux 系统中,一般提供命令行操作方式。

3.3.1　在 Windows Server 2003 上安装 FTP 服务器

在 Windows Server 2003 中,FTP 服务器是 IIS 的一个功能模块。在安装 IIS 时,如果在如图 3-3 所示的"Internet 信息服务(IIS)"对话框中选中了"文件传输协议(FTP)服务"复选框,IIS 中就会安装 FTP 服务器。如果在安装 IIS 时没有安装 FTP 服务器,则需要通过"添加/删除 Windows 组件"工具进行"文件传输协议(FTP)服务"的安装。

3.3.2　Windows Server 2003 中 FTP 服务器配置

1."默认 FTP 属性"对话框

在"开始"|"管理工具"菜单中选择"Internet 信息服务(IIS)管理器"命令,在打开的"Internet 信息服务(IIS)管理器"窗口中可以看到"FTP 站点"文件夹,FTP 站点即 FTP 服务器。FTP 服务器也是以站点形式提供服务的,在 FTP 服务器中可以配置多个 FTP 站点。"FTP 站点"文件夹中的"默认 FTP"即默认 FTP 站点。默认 FTP 站点是安装 FTP 服务器时自动创建的 FTP 站点,和用户自己创建的 FTP 站点没有什么区别。

在"Internet 信息服务(IIS)管理器"窗口中选择"FTP 站点"文件夹中的"默认 FTP"选项,在"操作"菜单中选择"属性"命令,打开"默认 FTP 属性"对话框,如图 3-16 所示。

2."FTP 站点"选项卡配置

在"FTP 站点"选项卡中,一般只需要将 FTP 站点标识中的 IP 地址设置为本服务器主机的 IP 地址即可(或者选择"全部未分配"选项),其他选项一般不需要改动。

3."主目录"选项卡配置

FTP 站点主目录默认是 Windows Server 2003 安装硬盘根目录下的 Inetpub\Ftproot,如果使用其他的目录作为 FTP 站点主目录,可以在如图 3-17 所示的"主目录"选项卡中通过"浏览"按钮选择 FTP 站点主目录。例如为了在其他计算机上将网站发布到本地服务器的 D:\mysite 网站目录中,应将 FTP 站点主目录设置成 D:\mysite。

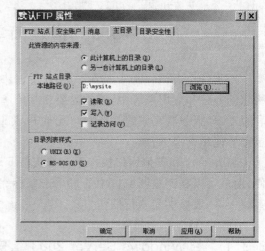

图 3-16 "默认 FTP 属性"对话框　　　　图 3-17 "主目录"选项卡

在默认情况下,FTP 站点主目录只有"读取"权限,即用户只能下载 FTP 站点主目录中的文件,而不能向 FTP 站点主目录中写入文件。如果希望能够把文件上传到 FTP 站点主目录中,需要在"主目录"选项卡中选中"写入"复选框。

4. FTP 站点访问安全设置

FTP 站点默认允许匿名访问,用于在 FTP 站点中下载文件资料。如果需要禁止匿名访问,可以在如图 3-18 所示的"默认 FTP 属性"对话框的"安全账户"选项卡中取消选中"允许匿名连接"复选框。一旦禁止匿名访问 FTP 站点后,登录 FTP 站点就需要输入用户名和密码,用户名应是在 Windows Server 2003 系统中注册的用户名。

图 3-18 "安全账户"选项卡

在允许匿名访问时,"安全账户"选项卡中"用户名"和"密码"文本框中显示的内容并没有什么意义。在 Windows 浏览器中匿名登录 FTP 时根本不需要提供用户名和密码;在

UNIX/Linux 或 DOS 命令方式中,匿名登录到 FTP 服务器需要使用的用户名一般是 anonymous,密码可以随意输入,也可以不输入。

3.3.3 在客户机上访问 FTP 站点

1. 在 Windows 浏览器中打开 FTP 站点

在 FTP 默认站点配置好后,如果 FTP 站点允许匿名登录,在 Windows 浏览器地址栏中输入"ftp:// FTP 服务器 IP 地址"或"ftp:// FTP 服务器域名地址"就能够登录到该 FTP 站点。例如在上面的配置完成之后,并且像 3.2 节中所述注册了主机域名、修改了客户机上的 DNS 服务器配置,在本地网络内客户机上浏览器地址栏中输入 ftp://192.168.1.23 或 ftp://ftp.tgl 就可以登录到该 FTP 站点,在 Windows 浏览器窗口中会显示出 FTP 站点主目录中的所有文件名及文件夹名称,还可以双击文件夹查看其中的文件。

如果 FTP 站点禁止匿名访问,登录时会出现输入用户名、密码的对话框,如图 3-19 所示。

这里的"用户名"和"密码"是在 Windows 系统中开设的账户和密码。在 Windows 系统中为用户开设账户的操作可以参考以下步骤。

(1) 选择"开始"|"管理工具"|"计算机管理"命令,打开"计算机管理"窗口。

(2) 在图 3-20 所示的"计算机管理"窗口中选择控制台树窗口中的"本地用户和组"选项,在本地用户和组列表中右击"用户"文件夹,从弹出的快捷菜单中选择"新用户"命令,打开"新用户"对话框,如图 3-21 所示。

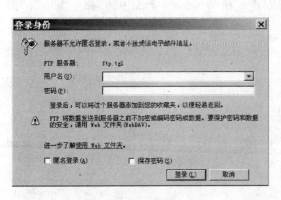

图 3-19 FTP 登录对话框

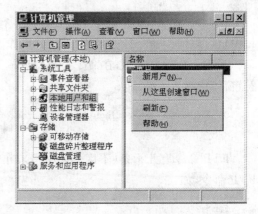

图 3-20 "计算机管理"窗口

在"新用户"对话框中,用户名和密码是必需的,关于用户密码的选项一般选中"密码永不过期"复选框。单击"创建"按钮完成一个用户账户的开户操作。

2. 在 Windows 的 FTP 窗口中下载、上传文件

(1) 下载文件

在 Windows 浏览器中登录到 FTP 服务器之后,浏览器窗口中显示 FTP 站点主目录中的所有文件名及文件夹名称。如果希望下载某个文件或文件夹,如图 3-22 所示,选中这个

文件或文件夹,右击,在弹出的快捷菜单中选择"复制到文件夹"命令,就会打开本地计算机上的资源管理器窗口,在本地选择一个存放下载文件的文件夹,单击"确定"按钮即可完成下载。

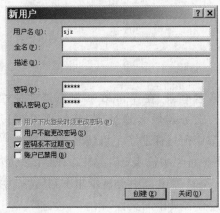

图 3-21 "新用户"对话框   图 3-22 下载文件

（2）上传文件

在本地计算机上的资源管理器窗口中选中需要上传的文件或文件夹,在"编辑"菜单中选择"复制"命令,然后登录到 FTP 服务器,在 FTP 站点"主目录"窗口中选择需要存放上传文件的文件夹,在"编辑"菜单中选择"粘贴"命令即可完成文件上传。

3. 在 UNIX/Linux 或 DOS 中使用 FTP 命令

在 UNIX/Linux 系统中一般使用命令行方式。在 Windows 系统中的"命令提示符"窗口中也可以使用命令行方式进行 FTP 操作。

采用命令行方式时,在命令提示符后输入 ftp,进入 FTP 命令状态。例如在"命令提示符"窗口中输入 ftp：

```
D:\Documents and Settings\Administrator>ftp
ftp>
```

FTP 命令有几十条（不区分大小写）,在 ftp 命令提示符后输入?,就可以显示出所有的 FTP 命令,如：

```
ftp>?
Commands may be abbreviated. Commands are:
```

!	delete	literal	prompt	send
?	debug	ls	put	status
append	dir	mdelete	pwd	trace
ascii	disconnect	mdir	quit	type
bell	get	mget	quote	user
binary	glob	mkdir	recv	verbose
bye	hash	mls	remotehelp	
cd	help	mput	rename	
close	lcd	open	rmdir	

常用的命令有如下几个。

```
open   IP 地址/域名              ; 连接到 FTP 服务器
ls                             ; FTP 站点目录列表(UNIX/Linux 命令)
dir                            ; FTP 站点目录列表(DOS 命令)
put    本文件路径               ; 上传本地文件
mput   带通配符的文本文件路径    ; 上传多个本地文件
cd     远程路径                 ; 改变远程 FTP 站点上的当前路径
lcd    本地路径                 ; 改变本地当前路径
get    文件名                   ; 下载一个文件到本地当前路径
mget   文件名通配符             ; 下载多个文件到本地当前路径
close                          ; 关闭 FTP 连接
quit                           ; 退出 FTP
```

下面以 DOS 命令提示符窗口为例,说明一些简单的 FTP 命令的使用方法(FTP 站点允许匿名登录,带下划线的斜体字母是输入的内容)。

(1) 登录到 ftp.tgl 站点

在 Windows 中打开"命令提示符"窗口,在"命令提示符"窗口中依次输入如下带下划线的内容。

```
D:\Documents and Settings\Administrator>ftp
ftp> open ftp.tgl
Connected to ftp.tgl.
220 Microsoft FTP Service
User (ftp.tgl:(none)): anonymous
331 Anonymous access allowed, send identity (e-mail name) as password.
Password: *****
230 Anonymous user logged in.
ftp>
```

(2) 列出 FTP 站点上的文件目录

```
ftp> dir
200 PORT command successful.
150 Opening ASCII mode data connection for /bin/ls.
05 - 29 - 10 02:53PM      <DIR>               images
05 - 29 - 10 08:07AM                    664 index.html
226 Transfer complete.
ftp: 98 bytes received in 0.00Seconds 98000.00Kbytes/sec.
ftp>
```

(3) 将本地当前目录改为 E:\download

```
ftp> lcd E:\download
Local directory now E:\download
ftp>
```

(4) 下载 index.html 到本地当前目录中

```
ftp> get index.html
200 PORT command successful.
150 Opening ASCII mode data connection for index.html(664 bytes).
```

226 Transfer complete.

ftp: 664 bytes received in 0.00Seconds 664000.00Kbytes/sec.

ftp>

(5) 改变远程当前目录到 images

ftp> *cd images*

250 CWD command successful.

ftp>

(6) 列出远程目录文件列表

ftp> *dir*

200 PORT command successful.

150 Opening ASCII mode data connection for /bin/ls.

03 - 05 - 06	10:00AM	8973	BJ2.gif
03 - 05 - 06	10:05AM	1220	bj3.jpg
03 - 28 - 06	10:07PM	23671	BJ4.gif
06 - 11 - 06	10:52AM	3312	bj6.gif
03 - 16 - 98	10:39PM	4619	BJ8.GIF
03 - 23 - 06	09:17PM	91092	fg29.jpg
03 - 23 - 06	09:18PM	55580	fg32.jpg
03 - 23 - 06	09:18PM	88144	fg33.jpg
03 - 23 - 06	09:18PM	65686	fg34.jpg

226 Transfer complete.

ftp: 436 bytes received in 0.01Seconds 29.07Kbytes/sec.

ftp>

(7) 下载所有.jpg文件

ftp> *mget * .jpg*

200 Type set to A.

mget bj3.jpg? *y 或 enter*(输入 n 代表不下载)

200 PORT command successful.

150 Opening ASCII mode data connection for bj3.jpg(1220 bytes).

226 Transfer complete.

ftp: 1220 bytes received in 0.00Seconds 1220000.00Kbytes/sec.

mget fg29.jpg? *enter*

200 PORT command successful.

150 Opening ASCII mode data connection for fg29.jpg(91092 bytes).

226 Transfer complete.

ftp: 91092 bytes received in 0.00Seconds 91092000.00Kbytes/sec.

mget fg32.jpg? *enter*

200 PORT command successful.

150 Opening ASCII mode data connection for fg32.jpg(55580 bytes).

226 Transfer complete.

ftp: 55580 bytes received in 0.00Seconds 55580000.00Kbytes/sec.

mget fg33.jpg? *enter*

200 PORT command successful.

150 Opening ASCII mode data connection for fg33.jpg(88144 bytes).

226 Transfer complete.

ftp: 88144 bytes received in 0.00Seconds 88144000.00Kbytes/sec.

mget fg34.jpg? *enter*

200 PORT command successful.

150 Opening ASCII mode data connection for fg34.jpg(65686 bytes).

226 Transfer complete.

ftp: 65686 bytes received in 0.00Seconds 65686000.00Kbytes/sec.

ftp>

（8）本地当前目录转到 C:\html

ftp> *lcd C:\html*

Local directory now C:\html.

ftp>

（9）上传一个文件

ftp> *put 3 - 1.png*

200 PORT command successful.

150 Opening ASCII mode data connection for 3 - 1.png.

226 Transfer complete.

ftp: 75478 bytes sent in 0.00Seconds 75478000.00Kbytes/sec.

ftp>

（10）上传所有.htm 文件

ftp> *mput * .htm*

mput QY - 22.HTM? *y*

200 PORT command successful.

150 Opening ASCII mode data connection for QY - 22.HTM.

226 Transfer complete.

ftp: 3661 bytes sent in 0.00Seconds 3661000.00Kbytes/sec.

mput QY - 23.HTM? *y*

200 PORT command successful.

150 Opening ASCII mode data connection for QY - 23.HTM.

226 Transfer complete.

ftp: 4643 bytes sent in 0.00Seconds 4643000.00Kbytes/sec.

mput QY - 24.HTM? *y*

200 PORT command successful.

150 Opening ASCII mode data connection for QY - 24.HTM.

226 Transfer complete.

ftp: 19703 bytes sent in 0.00Seconds 19703000.00Kbytes/sec.

mput QY - 25.HTM? *y*

200 PORT command successful.

150 Opening ASCII mode data connection for QY - 25.HTM.

226 Transfer complete.

ftp: 8025 bytes sent in 0.00Seconds 8025000.00Kbytes/sec.

ftp>

（11）远程文件列表

ftp> *dir*

200 PORT command successful.

150 Opening ASCII mode data connection for /bin/ls.

05 - 29 - 10　08:28PM　　　　　75478 3 - 1.png

```
05 - 29 - 10    02:53PM    <DIR>              images
05 - 29 - 10    08:07AM              664 index.html
05 - 29 - 10    08:29PM             3661 QY - 22.HTM
05 - 29 - 10    08:29PM             4643 QY - 23.HTM
05 - 29 - 10    08:29PM            19703 QY - 24.HTM
05 - 29 - 10    08:29PM             8025 QY - 25.HTM
226 Transfer complete.
ftp: 346 bytes received in 0.02Seconds 21.63Kbytes/sec.
ftp >
```

(12) 关闭 FTP 连接

```
ftp > close
221
ftp >
```

(13) 退出 FTP

```
ftp > quit
```

```
D:\Documents and Settings\Administrator >
```

3.4 配置多个 Web 网站

在实际应用环境中,经常需要在一个 Windows Server 2003 上配置多个 Web 网站。例如一个单位中不仅有单位的网站,同时还可能需要有一些部门的网站;可能有对外的宣传网站,也有单位内部的办公网站。在一个系统中配置多个网站一般有以下几种方法。

3.4.1 使用不同 TCP 端口号配置多个 Web 网站

1. 使用不同 TCP 端口号创建网站

在 3.1 节中已经介绍了如何配置默认 Web 网站,默认 Web 网站一般使用 HTTP 协议的默认 TCP 端口号 80,如果需要在服务器上配置多个 Web 网站,其他网站可以使用其他的 TCP 端口号。使用不同 TCP 端口号配置多个 Web 网站的步骤如下:

(1) 在 Internet 信息服务(IIS)管理器控制台树窗口中右击"网站"文件夹,在弹出的快捷菜单中选择"新建"|"网站"命令,如图 3-23 所示,打开"网站创建向导"对话框。

(2) 在向导中设置如下内容。

网站标识:管理员识别的网站名称。

网站 IP 地址:选择本计算机的 IP 地址或"全部未分配"选项。

网站 TCP 端口:在多个网站的情况中,只能有一个网站使用默认 TCP 端口号 80,其他网站需要使用大于 1024 的 TCP 端口号,例如 8000。

网站主目录:设置网站存放的主目录。

(3) 使用"网站创建向导"完成网站的创建之后,还需要在该网站的属性对话框中设置

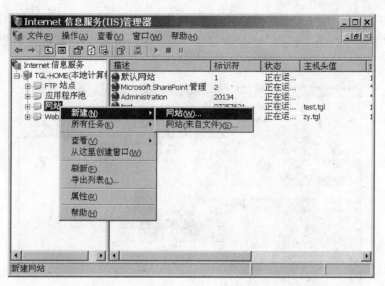

图 3-23　新建 Web 网站

"文档"属性，过程与配置默认网站相同。

2. 浏览使用非默认 TCP 端口号的网站

Web 服务器提供 HTTP 协议服务，HTTP 协议使用的默认 TCP 端口号是 80，当 Web 网站使用的 TCP 端口号不是 80 时，在访问该网站时需要使用：

`http://IP 地址或域名地址: TCP 端口号`

例如在本例中，浏览新创建的网站时需要使用：

`http://192.168.1.23:8000`

或者

`http://www.tgl:8000`

3. 使用不同 TCP 端口号配置多个 Web 网站的特点

使用不同 TCP 端口号配置多个 Web 网站，多个网站可以使用同一个 IP 地址，但是需要通知用户浏览网站时使用的端口号。在 Internet 中，不使用默认 TCP 端口号的网站，很少有用户直接访问。

3.4.2　使用虚拟目录配置多个 Web 网站

1. 使用虚拟目录创建 Web 网站

使用虚拟目录创建 Web 网站是在一个 Web 网站中创建一个完全独立于该网站的子站点，该子站点和网站使用同一个 IP 地址，相同的 TCP 端口号，只是子站点的主目录和网站不同。使用虚拟目录创建 Web 网站的步骤如下：

在如图 3-24 所示的 Internet 信息服务(IIS)管理器控制台树窗口中选择"默认网站"选项,在"操作"菜单中选择"新建"|"虚拟目录"命令,打开"虚拟目录创建向导"对话框,如图 3-25 所示。

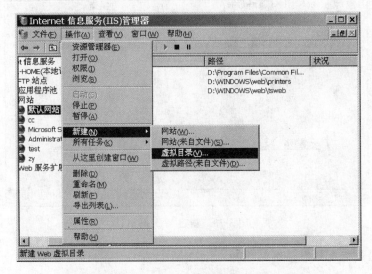

图 3-24　选择"新建"|"虚拟目录"命令

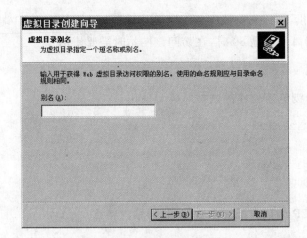

图 3-25　"虚拟目录创建向导"对话框

在"虚拟目录创建向导"的"虚拟目录别名"对话框中需要为虚拟目录指定一个"别名",这个别名将在以后访问该子站点时使用,所以在指定"别名"时需要慎重考虑,应该与该网站名称有关。

在使用"虚拟目录创建向导"创建网站子站点时,也需要为该站点选择"网站内容目录"并进行与创建网站相同的一些操作。在使用"虚拟目录创建向导"完成网站子站点的创建后,在该网站下面就会看到子站点"别名"。

2. 访问使用虚拟目录创建的 Web 网站

利用虚拟目录方式可以在一个网站中创建多个子站。要浏览使用虚拟目录创建的

Web 网站,在浏览器地址栏中需要使用下列格式:

```
http://IP 地址或域名地址/子站别名
```

例如,在 www.tgl 默认网站中使用虚拟目录方式创建了一个别名为 jiaoan 的子站点,访问该子站点时在浏览器地址栏中需要输入:

```
http://www.tgl/jiaoan
```

3. 使用虚拟目录配置多个 Web 网站的特点

使用虚拟目录创建的网站子站和 Web 网站使用同一个 IP 地址,使用相同的 TCP 端口号,但用户访问时需要预先知道子站别名,对用户不太方便。

3.4.3 使用不同 IP 地址配置多个 Web 网站

1. 为网卡配置多个 IP 地址

在一般情况下,在一台计算机上只使用一块网卡连接网络,一块网卡一般也只需要配置一个 IP 地址。其实一块网卡也可以配置多个 IP 地址。为了使用不同的 IP 地址配置多个 Web 网站,就需要对网卡配置多个 IP 地址。

为网卡配置多个 IP 地址的步骤如下:

(1) 在"Internet 协议(TCP/IP)属性"对话框中单击"高级"按钮,打开"高级 TCP/IP 设置"对话框,如图 3-26 所示。

(2) 在"高级 TCP/IP 设置"对话框的"IP 设置"选项卡的"IP 地址"栏目中,单击"添加"按钮,打开"TCP/IP 地址"对话框,在该对话框中输入新的 IP 地址、子网掩码,单击"添加"按钮就会给网卡添加一个新的 IP 地址。注意新添加的 IP 地址应该和原来的 IP 地址具有相同的网络号,子网掩码应该和原来的相同,这样可以避免很多复杂的配置。

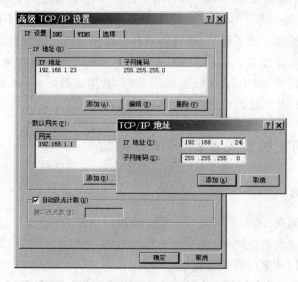

图 3-26 为网卡添加 IP 地址

在图 3-26 中可以看到,原来网卡中只有一个 IP 地址 192.168.1.23,如果需要在该计算机上配置 3 个 Web 网站,可以再给网卡添加两个 IP 地址,如 192.168.1.24、192.168.1.25。添加的 IP 地址应该是空闲可用的,不要和其他的计算机发生冲突。

添加了两个 IP 地址后的"高级 TCP/IP 设置"对话框如图 3-27 所示。

2. 使用不同 IP 地址创建 Web 网站

在计算机上配置了多个 IP 地址之后,在如图 3-23 所示的"Internet 信息服务(IIS)管理器"窗口中选择"新建"|"网站"命令打开网站创建向导后,在如图 3-28 所示的"IP 地址和端口设置"对话框中,在"网站 IP 地址"下拉列表框中就可以选择没有被其他网站使用的 IP 地址了,例如 192.168.1.24。其他内容的设置和前面创建 Web 网站时相同。

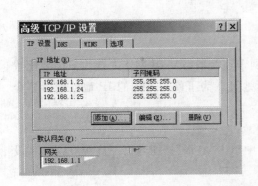

图 3-27　添加了两个 IP 地址

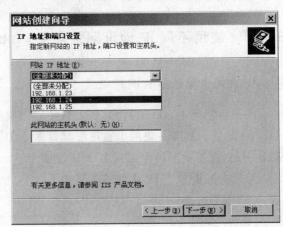

图 3-28　选择 IP 地址

3. 使用不同 IP 地址配置多个 Web 网站的特点

使用不同 IP 地址配置多个 Web 网站,由于每个 Web 网站使用自己的 IP 地址,TCP 端口号都可以使用默认端口号 80,所以每个网站和默认网站没有任何不同。如果在 DNS 服务器中为每个 IP 地址都注册了域名,这些网站都可以使用自己的域名访问。

使用不同 IP 地址配置多个 Web 网站,在私有网络中一般没有什么问题,因为有充足的私有 IP 地址可用。但是,在 Internet 中,由于公网 IP 地址的紧缺,如果一个计算机占用了多个 IP 地址,会造成 IP 地址的浪费,也会增加网站运行成本。

3.4.4　使用不同主机头配置多个 Web 网站

1. 主机头的概念

在创建网站时,如图 3-28 所示的"IP 地址和端口设置"对话框中除了"网站 IP 地址"、"网站 TCP 端口"下拉列表框之外,还有一个"此网站的主机头(默认:无)"文本框。由于主机头默认是"无",所以从来没有关注过这个项目。

在 3.2.2 小节中曾经介绍过"对于一个 IP 地址可以注册多个域名",并且对 IP 地址

192.168.1.23 注册了 3 个主机名称(或者称为别名)：www、ftp、jx，3 条主机记录对应的域名分别为 www.tgl、ftp.tgl、jx.tgl，这些域名也称为主机头。

到目前为止，这些主机头在用法上还没有任何区别，在浏览器地址栏中输入以下任何一条：

```
http://www.tgl
http://ftp.tgl
http://jx.tgl
http://192.168.1.23
```

都会打开图 3-9 所示的 Web 默认网站 Index.html 测试网页。

2. 使用主机头创建网站

和前面创建网站的操作一样，在"Internet 信息服务(IIS)管理器"中新建网站，在如图 3-29 所示网站创建向导的"IP 地址和端口设置"对话框中进行如下操作。

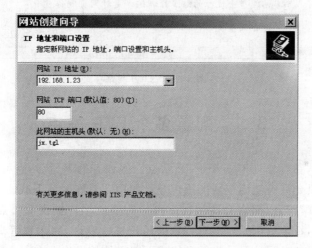

图 3-29　设置主机头

(1) 在"网站 IP 地址"下拉列表框中选择 192.168.1.23，"网站 TCP 端口(默认值：80)"使用默认值 80，在"此网站的主机头(默认：无)"文本框中输入 jx.tgl。

(2) 单击"下一步"按钮，在打开的"网站主目录"窗口中选择另外一个网站存放的目录，接下来的操作与之前创建网站、配置网站文档属性的操作相同。创建和配置网站的操作完成之后，在浏览器地址栏中输入 http://jx.tgl，打开的网页如图 3-30 所示。

这时如果使用其他域名，例如 http://ftp.tgl，打开的仍然是如图 3-9 所示的默认网站。如果希望使用该域名打开的是另一个特定网站，那么就需要将该域名指定为特定网站的主机头。

3. 使用不同主机头配置多个 Web 网站的特点

使用不同主机头配置多个 Web 网站虽然使用的是同一个 IP 地址，同一个 TCP 端口号，但是可以分别对应不同的网站，这种方式既节省 IP 地址，又方便用户访问。但是这种方式必须有 DNS 服务器的支持，或者需要注册多个域名。

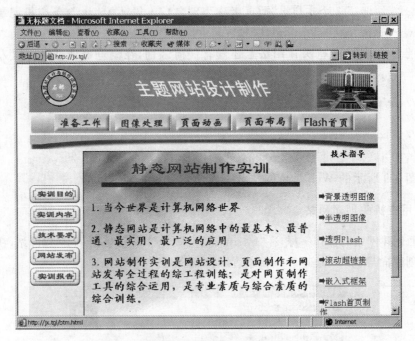

图 3-30   jx.tgl 网站

3.5   配置多个 FTP 站点

在网络应用中,往往需要有多个 FTP 站点。例如有的 FTP 站点可以供普通用户匿名下载,有的站点则只允许有使用权限的用户登录使用。允许匿名下载的 FTP 站点中用户只有对站点目录的"读"权限,而在有些情况下可能需要给用户提供对站点目录的"写"权限。又如在网站管理中,特定的网站一般有特定的用户进行管理,而远程管理维护网站时,用户就需要通过 FTP 服务对网站目录进行上传或下载文件的操作。在一个特定网站的目录中,一般不允许其他人拥有文件上传和下载的权限,所以在这些网络应用中,就需要有多个FTP 站点,彼此相互独立。

3.5.1   使用 IIS 创建多个 FTP 站点

IIS 中的 FTP 服务器使用起来非常简单,但是其功能也比较简单。使用 IIS 创建多个FTP 站点一般有以下几种方式。

1. 虚拟目录方式

和在 Web 网站中使用虚拟目录方式创建网站类似,用虚拟目录方式创建 FTP 站点的简略步骤如下:

(1) 在"Internet 信息服务(IIS)管理器"窗口的"FTP 站点"文件夹中选中"默认 FTP"选项,在"操作"菜单中选择"新建"|"虚拟目录"命令。

(2) 在打开的"虚拟目录创建向导"对话框中完成"别名"的输入、FTP 站点内容目录"路径"的选择和"虚拟目录访问权限"的设置。

用虚拟目录方式创建的 FTP 站点属于 FTP 站点下的子站点,登录 FTP 子站点时需要在浏览器地址栏中输入"ftp://IP 地址/别名"。

虽然用虚拟目录方式创建的 FTP 子站点和上级 FTP 站点完全独立,但是 FTP 子站点的访问方式和上级 FTP 站点的访问方式是相同的,如果上级 FTP 站点允许匿名访问,FTP 子站点就继承了匿名访问的权限,而且不能更改成禁止匿名访问。

2. 使用不同 TCP 端口号创建 FTP 站点

FTP 协议使用的默认 TCP 端口号是 21,使用其他的 TCP 端口号可以创建新的 FTP 站点。使用不同的 TCP 端口号创建 FTP 站点的步骤如下:

(1) 在"Internet 信息服务(IIS)管理器"窗口中选中"FTP 站点"选项,在"操作"菜单中选择"新建"|"站点"命令,打开"FTP 站点创建向导"对话框。

(2) 按照向导提示输入 FTP 站点描述(FTP 站点名称),选择 FTP 站点的 IP 地址(使用和默认 FTP 站点相同的 IP 地址)。

(3) 在"输入此 FTP 站点的 TCP 端口"文本框中修改端口号,例如 8021。

(4) 在"FTP 用户隔离"对话框中选择"隔离用户"选项,然后选择 FTP 站点主目录的路径,设置 FTP 站点目录访问权限,完成 FTP 站点的创建。

对于使用不同 TCP 端口号创建的 FTP 站点可以独立设置 FTP 站点的属性,但是登录 FTP 站点时需要使用"ftp://IP 地址:端口号",例如 ftp://192.168.1.23:8021,这种登录方式对用户不太方便。

3. 使用不同 IP 地址创建 FTP 站点

使用不同 IP 地址创建 FTP 站点的操作步骤如下:

(1) 参照 3.4.3 小节,为网卡配置多个 IP 地址。

(2) 在"Internet 信息服务(IIS)管理器"窗口中选中"FTP 站点"选项,在"操作"菜单中选择"新建"|"站点"命令,打开"FTP 站点创建向导"对话框。

(3) 按照向导提示输入 FTP 站点描述,在"IP 地址和端口设置"对话框的"输入此 FTP 站点使用的 IP 地址"下拉列表框中选择与其他 FTP 站点不同的 IP 地址。

(4) FTP 站点的 TCP 端口使用默认的端口号 21。

(5) 在"FTP 用户隔离"对话框中选择"隔离用户"选项,然后选择 FTP 站点主目录的路径,设置 FTP 站点目录访问权限,完成 FTP 站点的创建。

使用不同 IP 地址创建的每个 FTP 站点都使用自己的 IP 地址,都使用默认的 TCP 端口号 21,可以独立设置自己的访问权限。这种方法适合内部网络使用私有 IP 地址的情况,如果在 Internet 上使用公网 IP 地址,则需要较多的公网 IP 地址。

3.5.2　使用 Serv-U 搭建 FTP 服务器

1. 一个简单的 Serv-U 版本

使用 Windows 系统中的 IIS 配置多个 FTP 站点总是不尽如人意,所以很多人就使用其他 FTP 服务器软件来搭建 FTP 服务器,最常见的一款 FTP 服务器软件称为 Serv-U。

Serv-U 有很多版本,图 3-31 所示的是 Serv-U 一个比较简单的版本的管理界面。目前较新的版本功能更加强大,操作也更加复杂,在 7.0 版本之后管理界面发生了巨大的变化。

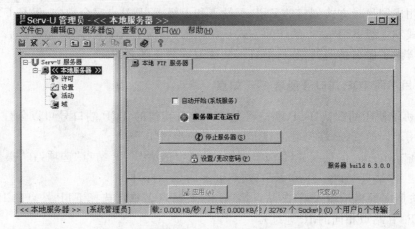

图 3-31　Serv-U 6.3 版本服务器管理界面

从 Internet 上下载一个 Serv-U,在任何 Windows 系统中都可以安装。安装 Serv-U 之前先要停止 IIS 的 FTP 服务器。对于 Serv-U 6.3 版本,安装完成后进入 Serv-U 6.3,选中控制台树中的"本地服务器"选项,本地服务器管理界面如图 3-31 所示,从中可以看到一个 Serv-U FTP 服务器已经启动。如果选中了"自动开始(系统服务)"复选框,以后 Windows 启动时 Serv-U FTP 服务器会自动启动。

在图 3-31 所示的服务器管理界面中,单击"停止服务器"按钮,Serv-U FTP 服务器将被停止。

2. 在 Serv-U FTP 服务器中创建域

在 Serv-U FTP 服务器中,一个域对应一个 IP 地址和一个 TCP 端口号。在一个域内可以有多个用户,每个用户有自己的根目录。每个用户对自己根目录的访问权限可以单独设置,用户之间可以设置成不能相互访问,这样就相当于有多个相互独立的 FTP 站点,从而能够满足网站维护中用户各自维护自己网站目录的需要。

Serv-U FTP 服务器安装完成之后,系统内并没有域,所以在使用 Serv-U FTP 服务器之前必须先创建域。在 Serv-U FTP 服务器中创建域的操作步骤如下:

(1) 在 Serv-U FTP 服务器控制台树窗口中右击"域"选项,在弹出的快捷菜单中选择"新建域"命令,打开如图 3-32 所示的选择域 IP 地址的对话框。

(2) 域 IP 地址一般选择主机的 IP 地址,单击"下一步"按钮,在打开的对话框中要求输入域名,如果该 IP 地址在 DNS 服务器中注册了域名,则要使用注册的域名;如果没有注册域名,可以随意输入一个域名,然后选择"域端口号",默认使用 21,端口号一般不需要修改,后面就按提示操作即可,最后单击"完成"按钮,创建的域如图 3-33 所示。

3. 创建用户

假如该服务器上有 3 个用户的网站,所有网站分别存放在 C:\Inetpub 目录中的 web1、

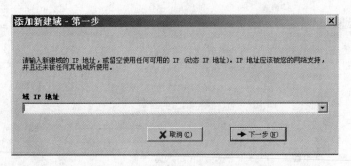

图 3-32　选择域 IP 地址

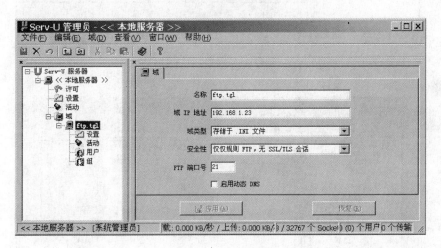

图 3-33　创建的域

wcb2 和 web3 目录中,用户 stu1、stu2 和 stu3 通过 FTP 分别维护各自的网站,那么可以按如下操作步骤创建 3 个用户并分别设置他们的属性。

(1) 如图 3-33 所示,在新创建的域内,右击"用户"选项,在弹出的快捷菜单中选择"新建用户"命令,打开"新建用户"对话框,进行如下设置。

第 1 步:输入一个用户的用户名,如 stu1。

第 2 步:输入用户登录密码。

第 3 步:设置主目录,通过单击"浏览"按钮为该用户选择主目录,对于 stu1 用户,应该选择 C:\Inetpub\web1。

第 4 步:设置是否"将用户锁定于主目录",一般选中此复选框,这样用户只能访问他自己的目录。

一个用户创建完成之后显示的结果如图 3-34 所示。

(2) 设置用户的目录访问权限。

在图 3-34 所示的用户对话框中选择"目录访问"选项卡,在"目录访问"选项卡中可以看到用户对指定目录的访问权限。图 3-35 显示该用户初始时只有对文件的"读取"权限和对目录的"列表"权限以及子目录的"继承"权限。如果允许该用户上传文件,必须为其添加对文件的"写入"权限和子目录的"创建"权限。

其他两个用户的创建操作可以仿照第 1 个用户的创建操作完成,这样多个用户可以使

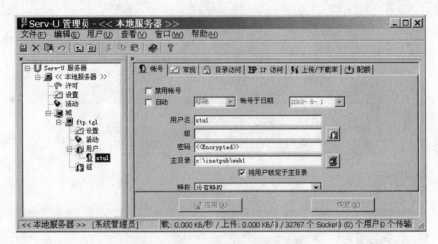

图 3-34 创建用户

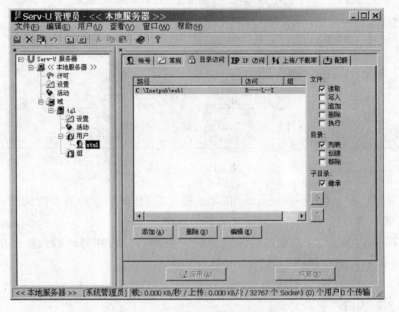

图 3-35 目录访问权限设置

用同一个 IP 地址和默认的 FTP 端口号分别对自己的网站进行发布与管理操作。

这个低版本的 Serv-U 最大的缺点是用户丢失密码之后就非常麻烦，在高版本中可以让用户找回密码。

3.6 FTP 工具

上传和下载是网络中的广泛应用。对于下载，除了网站中的点击下载、使用 FTP 下载之外，像网际快车、迅雷等具有多线程连接、断点续传功能的下载工具人们都非常熟悉，甚至很多人还使用 BT 进行文件传输。

网际快车、迅雷只是提供多线程的下载链接，BT 是创造一种对等网络，安装了 BT（BitComet）软件之后，下载文件时需要到种子（torrent）服务器上根据需要下载的文件先下载种子，然后使用种子下载文件。在上传文件时将需要上传的文件制作成种子，将种子发布到一个种子服务器上。当其他用户使用这个种子下载时，种子所在的计算机将作为下载源供别人下载，这样在网络中提供种子的下载源越多，下载的速度就越快。

对于将文件上传到 FTP 站点目录中，除了使用 FTP 之外，还有很多可以用于进行文件上传的工具软件，其中 CuteFTP 就是一款常用的上传和下载软件，可以帮助网站维护人员对远程网站进行管理和维护。

CuteFTP 也有不少版本，图 3-36 是 CuteFTP 5.0 的用户界面。

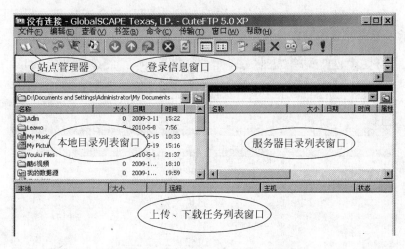

图 3-36　CuteFTP 5.0 的用户界面

1. 创建站点

CuteFTP 可以管理多个 FTP 站点。单击 CuteFTP 工具栏中的"站点管理器"图标，打开"站点设置新建站点"对话框，如图 3-37 所示。

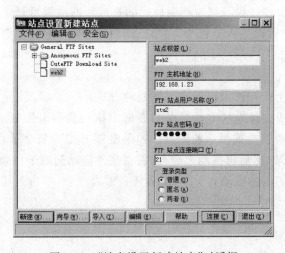

图 3-37　"站点设置新建站点"对话框

单击"新建"按钮,按照提示输入站点名称,在FTP站点列表中就会增加一个站点,同时窗口左侧显示该站点的连接属性。在FTP站点列表中选中哪个站点,窗口左侧就会显示哪个站点的连接属性。对于新建的站点首先需要设置站点的连接属性,包括如下方面。

(1) FTP主机地址:FTP站点的IP地址,例如192.168.1.23。

(2) FTP站点用户名称:登录该FTP站点的用户名,例如stu2。

(3) FTP站点密码:用户登录该FTP站点的密码。

(4) FTP站点连接端口:如果FTP站点不使用默认的TCP端口号,这里应该和FTP站点的设置一致。

(5) 登录类型:一般选择"普通"选项,通常不会有FTP站点允许用户匿名上传文件。

站点信息输入正确之后,单击"连接"按钮,CuteFTP就会连接到远程FTP站点上。图3-38显示了上面配置的站点连接结果。

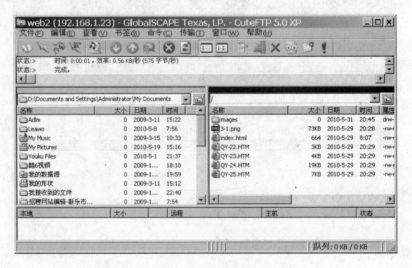

图3-38 连接到FTP站点

在图3-38中,本地目录列表框中显示的是本地计算机上的文件列表,一般可以指定到本地网站文件夹中;服务器目录列表框中显示的是远程网站根目录中的文件列表。在服务器目录列表框中,用户可以进入子目录,但是不能访问网站根目录以外的目录。

2. 上传文件

在CuteFTP中,上传操作可以采取以下两种方式。

(1) 将一个文件或文件夹从本地目录列表框中拖动到服务器目录列表框中,即可完成上传操作。上传的位置是当前显示的窗口。如果希望上传到某个子目录中,可以通过双击该子目录进入该子目录,然后再拖动上传,或者将文件拖动到该子目录图标上。

(2) 将需要上传的内容拖动到上传、下载任务列表框中,单击工具栏中的"上传"图标完成上传任务。

3. 下载文件

下载和上传的操作过程是相同的,只是拖动的源和目的地不同。下载时需要注意本地目录列表框中显示的下载位置。

3.7　搭建安全 Web 网站

对于静态网站，网站的信息都是公开的；但是对于动态网站，一般都需要限制用户在登录之后才能进行相应的操作。没有登录权限的用户绝对不能进入动态网站，例如企业的办公网站、业务处理系统、网上银行等。但是普通的 Web 网站没有安全功能，非法入侵者很容易就能够截获用户的登录信息和通信内容。本节介绍如何利用安全 Web 网站实现网络安全访问。

3.7.1　网络信息安全技术

1．数据加密技术

保证数据传递安全(防止窃听)一般采用数据加密技术。数据在传递之前先进行加密，接收端接收到数据之后再进行解密。窃听者收到密文之后如果不能进行解密，窃听就是无意义的。

数据加密是对数据进行的一种数学运算。被加密的数据称为明文，加密后的数据称为密文，不解密的密文是不可读的。加密是将明文和一个称为密钥的字符串进行数学运算生成密文的过程，加密算法一般是公开的。

数据加密有两种加密体系：对称密钥体系和非对称密钥体系。对称密钥体系又称为秘密密钥加密技术。非对称密钥体系又称为公开密钥加密技术。

在对称密钥体系中加密和解密的密钥是相同的。由于加密算法是公开的，所以保护密钥是保证安全性的关键。如果密钥需要传递，密钥的安全很难保障。在非对称密钥体系中加密密钥和解密密钥是一对相关数据，但不能从一个密钥推算出另一个密钥。在非对称密钥体系中加密密钥是公开的(称为公钥)，使用公开密钥加密生成的密文只能使用解密密钥(称为私钥)才能解密成明文，所以在公开密钥加密技术中公钥可以公开传递，需要保护的只是私钥。

2．证书

"证书"是从互联网上的安全认证中心(Certification Authority,CA)申请获得的包括用户信息、加密公钥、私钥以及 CA 机构数字签名的电子文档，"证书"的用途一是证明用户的身份，二是用户对网络行为的数字签名。使用 CA 的"证书"其实就是利用了 CA 的权威性，就像一封介绍信上加盖了上级部门公章一样，接收者可以从 CA 处得到发送者身份的证明。

无论是网站还是用户，申请 CA 证书都需要有申请费用和使用年费。对于企业内部网站，如果不可能引发与客户之间的"否认性"法律纠纷，仅仅是为了网络通信的安全，一般可以考虑自己颁发"证书"。

3. 使用证书的安全通信过程

一个 Web 网站在安装了"服务器证书"之后，该网站可以采用安全方式运行。一般的 Web 网站都是将传递的信息直接交给网络传输层传递，而采用安全运行方式的 Web 网站在 Web 应用程序和传输层之间增加了安全机制，一般为 SSL（Secure Socket Layer，安全套接层），完成对通信数据的加密和解密工作。采用安全运行方式的网站需要使用 HTTPS 协议访问，HTTPS 协议使用的默认端口号是 443，而不是 HTTP 协议的 80。HTTP 协议和 HTTPS 协议的工作原理如图 3-39 所示。

在浏览器使用 HTTPS 协议登录 Web 网站时，网站会将"服务器证书"的部分内容下载到客户端浏览器。浏览器收到服务器的证书后可以完成以下工作。

（1）验证服务器身份的真伪。浏览器通过"证书"上的信息验证服务器是否是要访问的服务器。如果有问题，例如证书是非信任机构发放的、证书用户信息与使用者信息不符、证书过期等，浏览器会提示用户是否信任该站点。

（2）使用非对称密钥体系通信需要大量的加密和解密时间，一般通信都使用对称密钥体系。在 HTTPS 协议中，双方建立连接时，浏览

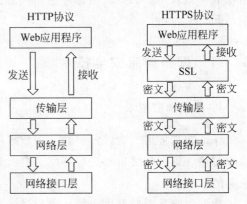

图 3-39　HTTP 协议和 HTTPS 协议的工作原理

器使用"服务器证书"的加密公钥把一个通信密钥发送到服务器，服务器用解密私钥解出通信密钥，完成通信密钥的传递，然后双方就可以使用对称密钥加密方式进行通信。

3.7.2　在服务器中安装证书服务

在 Windows Server 2003 中安装证书服务的过程如下：

（1）像添加其他组件一样，在"Windows 组件向导"中选中"证书服务"复选框，之后弹出如图 3-40 所示的安装确认对话框，提示安装证书服务后计算机名称及域成员身份都不能再改变，如果不需要改变，单击"是"按钮。

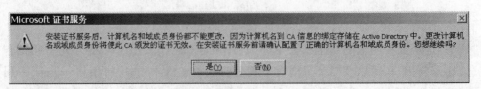

图 3-40　安装确认对话框

（2）选择 CA 类型。在 CA 类型对话框中选择"独立根 CA"选项，因为自己的证书服务器与其他 CA 机构没有什么关系。

（3）填写 CA 识别信息。在"CA 识别信息"对话框中输入"此 CA 的公用名称"，对于自己的 CA 服务器，名称是无关紧要的。

（4）设置证书数据库位置。在"证书数据库设置"对话框中选择证书数据库、数据库日志和配置配置信息的位置，一般保留默认设置即可。

（5）在询问"是否停止 IIS 服务"时单击"是"按钮。

（6）在如图 3-41 所示的询问是否启用 Active Server Page 的对话框中单击"是"按钮，因为申请证书需要打开 http://服务器 IP/certsrv/default.asp 网站，不启用 Active Server Page 就不能进行证书申请。

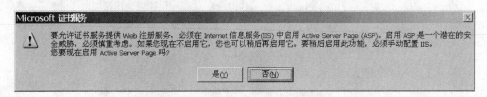

图 3-41　询问是否启用 Active Server Page

在安装完成之后，在"管理工具"菜单中选择"证书颁发机构"命令，可以打开"证书颁发机构"窗口，如图 3-42 所示。

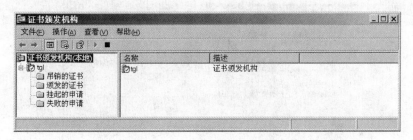

图 3-42　"证书颁发机构"窗口

3.7.3　为 Web 服务器申请证书

1. 生成 Web 证书请求文件

为一个 Web 网站生成"服务器证书"请求文件的过程如下：

（1）在"Internet 信息服务（IIS）管理器"窗口中选择需要申请服务器证书的网站。

（2）在网站属性对话框中选择"目录安全性"选项卡。

（3）在"目录安全性"选项卡的"安全通信"选项组内单击"服务器证书"按钮，打开"Web 服务器证书向导"对话框。

（4）在"服务器证书"对话框中选择"新建证书"选项。

（5）在"延迟或立即请求"对话框中选择"现在准备证书请求，但稍后发送"选项。

（6）在如图 3-43 所示的"名称和安全性设置"对话框中，在"名称"文本框中输入 Web 服务器注册的主机名，"位长"是密钥的长度，一般不要更改。

（7）在"可用提供程序"对话框中选择一种加密提供程序，DH 算法是基于离散对数实现的，RSA 算法基于大数难于分解的原理，选择哪种算法关系不大。

（8）在"单位信息"对话框中输入单位、部门信息。

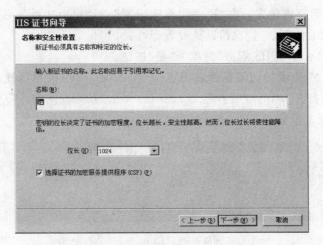

图 3-43 "名称和安全性设置"对话框

（9）在如图 3-44 所示的"站点公用名称"对话框中输入站点域名。

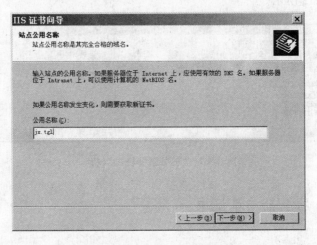

图 3-44 "站点公用名称"对话框

（10）在"地理信息"对话框中输入国家、省、市名称。

（11）在如图 3-45 所示的"证书请求文件名"对话框中选择保存的证书请求文件名和路径。

（12）查看"请求文件摘要"信息，确认无误后，为 Web 服务器生成的服务器证书请求文件就存放到了如图 3-45 所示的 d:\certreq.txt 文件中。

2．向 CA 申请 Web 服务器证书

使用为 Web 服务器生成的证书请求文件，向 CA 机构申请证书的过程如下：

（1）在浏览器中打开 CA 机构证书申请网站。如果在本地服务器中申请，需要使用 http:// 服务器 IP 地址/certsrv。certsrv 是服务器上默认 Web 网站中的一个使用虚拟目录建立的证书申请网站。

（2）在 certsrv 网站欢迎窗口中选择"申请一个证书"选项。

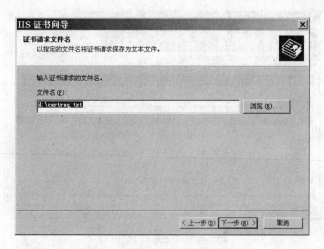

图 3-45　"证书请求文件名"对话框

（3）在"选择证书类型"窗口中选择"高级证书申请"选项。

（4）在"CA 策略"窗口中选择"使用 base-64 编码的……"选项。

（5）在如图 3-46 所示的"提交一个证书申请或续订申请"窗口中，需要将保存的证书请求文件内容放置到"保存的申请"文本框内。但是"浏览要插入的文件"超链接被阻止，只能打开保存的证书请求文件，使用"复制"、"粘贴"的方式将保存的申请内容加入到文本框中。单击"提交"按钮之后打开"证书挂起"窗口，如图 3-47 所示。

图 3-46　"提交一个证书申请或续订申请"窗口

从图 3-47 中可以看到，证书申请已经交到了 CA 机构，要等待 CA 机构管理员颁发证书。申请的证书 ID 号为 3。

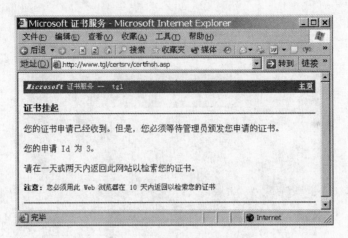

图 3-47 "证书挂起"窗口

3.7.4 CA 机构颁发证书

1. 颁发证书

向一个 CA 机构申请的证书都会放置到如图 3-42 所示的"证书颁发机构"窗口中的"挂起的申请"文件夹中。颁发证书的操作步骤如下：

（1）在"证书颁发机构"窗口中选择"挂起的申请"文件夹，在"挂起的申请"窗格中可以看到申请 ID 号为 3 的证书。

（2）在"挂起的申请"窗格中，右击需要颁发的证书，在弹出的快捷菜单中选择"所有任务"|"颁发"命令，完成证书的颁发，操作过程如图 3-48 所示。

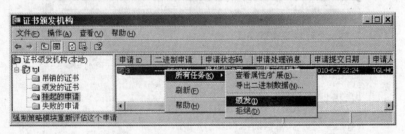

图 3-48 颁发证书

2. 导出证书

在"证书颁发机构"窗口中完成了证书颁发之后，"挂起的申请"文件夹中的内容就进入到了"颁发的证书"文件夹中。

给 Web 服务器申请的证书需要在"证书颁发机构"窗口中导出。导出证书的操作步骤如下：

（1）打开颁发的证书

在"颁发的证书"窗格中选中需要导出的证书，右击，在弹出快捷菜单中选择"打开"命令，打开的"证书"对话框如图 3-49（a）所示。选择"详细信息"选项卡，证书的详细信息如图 3-49（b）所示。

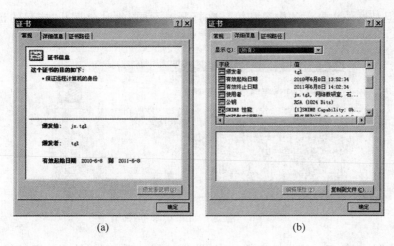

(a)　　　　　　　　　　　　　(b)

图 3-49　证书信息

（2）导出证书

在"详细信息"选项卡中单击"复制到文件"按钮，打开"证书导出向导"对话框。在如图 3-50 所示的"证书导出向导"的"导出文件格式"对话框中，选择一种文件格式，一般选择"Base64 编码 X.509(.CER)"格式。

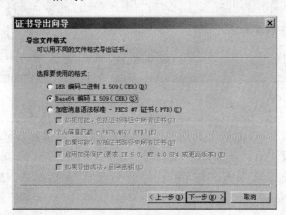

图 3-50　选择导出文件格式

然后按照提示输入保存的证书文件名（默认扩展名为 .cer）和存放路径，完成证书的导出。

3.7.5　给 Web 网站安装服务器证书

1. 安装服务器证书

在一个需要安全运行的 Web 网站从 CA 证书颁发机构取得了证书之后，就可以为 Web 网站安装服务器证书了。为 Web 网站安装服务器证书的过程如下：

（1）参照 3.7.3 小节为 Web 申请证书的操作，选择需要安装证书的网站，在"目录安全性"选项卡的"安全通信"选项组内单击"服务器证书"按钮，再次打开"Web 服务器证书向导"对话框,但是这一次显示的内容和第一次打开时不同,此时会打开"挂起的证书请求"对话框,如图 3-51 所示。

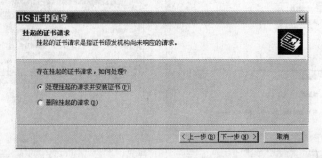

图 3-51 "挂起的证书请求"对话框

(2) 选中"处理挂起的请求并安装证书"单选按钮之后打开"处理挂起的请求"对话框,如图 3-52 所示。

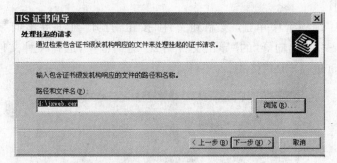

图 3-52 "处理挂起的请求"对话框

在"处理挂起的请求"对话框中找到导出的证书文件;在指定 SSL 端口的对话框中,如果没有端口冲突,一般使用默认的 SSL 端口号 443。

(3) 核实证书信息。在如图 3-53 所示的"证书摘要"对话框中,核实安装的证书信息。确认无误后进行证书安装。

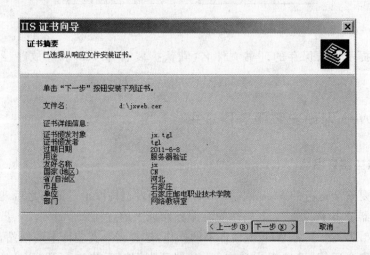

图 3-53 "证书摘要"对话框

2. 设置 Web 网站的安全访问

完成服务器证书的安装之后,必须设置 Web 网站的安全访问要求,才能使用 HTTPS 协议实现安全访问,否则使用 HTTP 协议依然能够访问该网站。

在如图 3-54(a)所示的 Web 网站属性"目录安全性"选项卡的"安全通信"选项组中单击 "编辑"按钮,打开"安全通信"对话框,如图 3-54(b)所示。

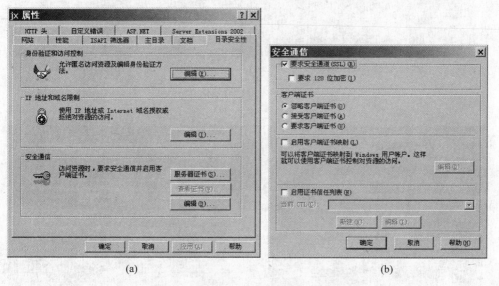

(a)   (b)

图 3-54 设置 Web 网站的安全访问要求

在"安全通信"对话框中选中"要求安全通道(SSL)"复选框,单击"确定"按钮,完成 Web 网站的安全访问设置。

3.7.6 使用 HTTPS 协议访问 Web 网站

使用 HTTPS 协议访问一个 Web 站点时,如果证书是受信任证书颁发机构颁发的,而且证书的有效期和证书持有者没有什么问题,Web 站点的部分证书内容会自动下载并安装到客户端。但是如果有问题,浏览器会弹出"安全警报"对话框,如图 3-55(a)和图 3-55(b)所示。图 3-55 显示了两种问题的警告信息。

对于哪些机构是可以信任的证书颁发机构,在浏览器的"Internet 选项"对话框中选择 "内容"选项卡,如图 3-56(a)所示,在"证书"选项组内单击"证书"按钮,打开如图 3-56(b)所示的"证书"对话框,从其中的"受信任的根证书颁发机构"列表框中可以看到哪些是受信任的 CA 颁发机构。

在出现了"安全警报"信息之后,在询问"是否继续"时,用户有"是"、"否"、"查看证书" 3 种选择。如果单击了"是"按钮或者在单击了"查看证书"按钮之后又选择了"安装证书", 就意味着该站点将成为可信任站点。在出现"安全警报"信息时一定要特别慎重,必须弄清楚出现安全警报的原因,防止"钓鱼"网站骗取用户的关键信息。

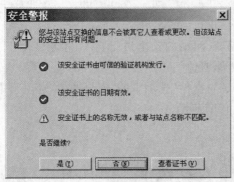
(a) 证书名称与持有者不符

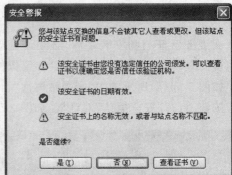
(b) 证书由非信任机构颁发

图 3-55　安全警告信息

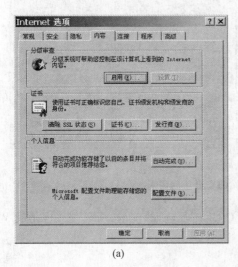
(a)

(b)

图 3-56　查看受信任的证书颁发机构

3.7.7　客户端身份验证

在为 Web 网站安装了服务器证书之后，客户可以通过证书验证服务器的真伪。在一些系统中这种验证需要双向进行，例如在网上银行中，服务器端也要对客户身份的真伪进行验证，以便保护用户的利益。

在如图 3-54(b)所示的 Web 网站"安全通信"对话框中，如果在"客户端证书"选项组中选中了"要求客户端证书"单选按钮，在客户登录网站时如果没有证书，浏览器将显示如图 3-57 所示的"客户端身份验证"提示对话框。

对于网上银行之类的网站，用户在开办业务时银行可能会给用户提供一个证书。一般情况下是到指定的 CA 证书颁发机构为浏览器申请一个证书。

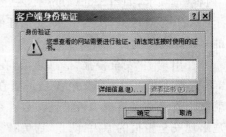

图 3-57　"客户端身份验证"提示对话框

为客户端申请、安装证书的过程如下。

1. 申请证书

（1）登录 CA 证书颁发机构网站。例如下面是一个登录内部证书颁发机构网站的例子。

`http://www.tgl/certsrv`

打开证书服务网站首页，如图 3-58 所示。

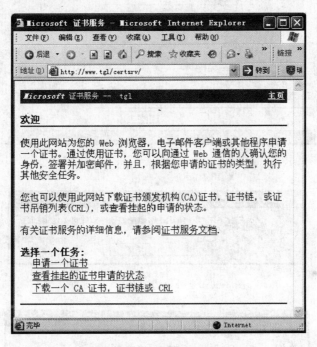

图 3-58　证书服务网站首页

（2）在证书服务网站首页中选择"申请一个证书"任务。

（3）在"选择证书类型"窗口中选择"Web 浏览器证书"选项。

（4）在如图 3-59 所示的"Web 浏览器证书-识别信息"窗口中输入证书用户信息。

（5）在提交了用户信息后会弹出一个询问是否申请证书的提示对话框，如图 3-60 所示，确认之后才能继续申请。

确认之后会打开如图 3-47 所示的"证书挂起"窗口，通知等待 CA 机构管理员颁发证书以及申请的证书 ID 号。

2. 安装证书

（1）在等待证书颁发机构管理员颁发证书之后，在申请证书的浏览器上再次登录 CA 证书颁发机构网站。

（2）在如图 3-58 所示的证书服务网站首页中选择"查看挂起的证书申请的状态"任务。

（3）在如图 3-61 所示的证书申请列表中选择自己的证书申请。

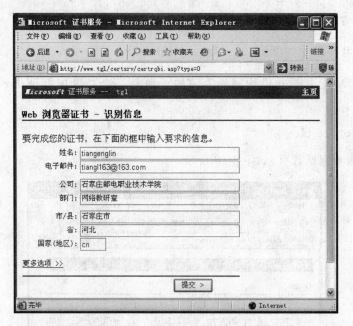

图 3-59 输入证书用户信息

图 3-60 是否申请证书提示对话框

图 3-61 选择证书申请

(4) 在如图 3-62 所示的"证书已颁发"窗口中单击"安装此证书"按钮。

(5) 在如图 3-63 所示的风险提示对话框中再次确认安装证书。

(6) 在如图 3-64 所示的"安全警告"提示对话框中再次确认安装证书。

经过以上再三确认以后,证书将安装到该浏览器上。

安装了证书之后,使用 HTTPS 登录有客户端身份验证的网站时,第 1 次还会出现"选择数字证书"的对话框,如图 3-65 所示。选中已经安装的证书,就可以登录到服务器网站了。

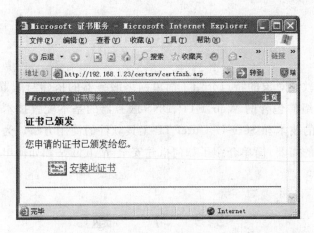

图 3-62　安装证书

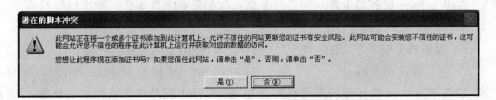

图 3-63　风险提示对话框

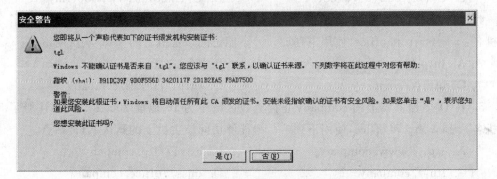

图 3-64　"安全警告"提示对话框

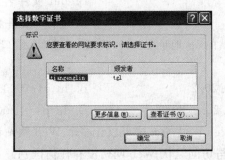

图 3-65　"选择数字证书"对话框

3.8　小　　结

　　本章主要针对教学对象的特点介绍了简单网络服务器的搭建与配置,包括在 Windows Server 2003 中 IIS 组件包含的 Web、FTP、DNS 服务器的基本配置技术,配置多个 Web 站点、多个 FTP 站点的技术和 Serv-U、CuteFTP 工具软件的使用方法。为了满足在管理工作中对网站安全访问的需要,简单介绍了如何搭建安全 Web 网站和如何申请安装服务器证书与浏览器证书。

3.9　习　　题

1. 在 Windows 服务器上进行网络服务搭建与配置必须具备什么操作权限?

2. 下列(　　)不是搭建 Web 服务器的必要条件。

　　A. 服务器上安装了 IIS 组件　　　　　　　B. 使用专线连接到网络

　　C. 有一个网络管理员　　　　　　　　　　D. 有一个静态 IP 地址

3. 如果 Windows 操作系统安装在 C 盘中,默认 Web 网站的默认存放目录是(　　)。

　　A. C:\　　　　　　　　　　　　　　　　B. C:\Inetpub

　　C. C:\Inetpub\wwwroot　　　　　　　　D. C:\Inetpub\wwwroot\mysite

4. 在 DNS 服务器上的 company 正向查找区域中为 IP 地址 200.10.10.2 注册了 3 个主机名:www、ftp 和 office,使用下列(　　)不能访问该主机上的 Web 默认网站。

　　A. http://www. company　　　　　　　B. http://ftp. company

　　C. http://company　　　　　　　　　　D. http://office. company

5. 在 DNS 服务器上的 company 正向查找区域中为 IP 地址 200.10.10.2 注册了 3 个主机名:www、ftp 和 office,使用下列(　　)能够访问该主机上的默认 FTP 站点。

　　A. ftp://www. company　　　　　　　　B. http://ftp. company

　　C. ftp://company　　　　　　　　　　　D. dns://office. company

6. 从本地上传一个文件需要使用的 FTP 命令是(　　)。

　　A. get 文件名　　　　　　　　　　　　B. put 文件名

　　C. mget 文件名　　　　　　　　　　　D. mput 文件名

7. 如果默认 Web 网站的 IP 地址是 200.20.20.2,TCP 端口号是 8080,访问该 Web 网站应该使用下列(　　)。

　　A. http://200.20.20.2　　　　　　　　B. http://200.20.20.2:8080

　　C. http://200.20.20.2/8080　　　　　　D. https://200.20.20.2

8. 使用(　　)创建 Web 网站的方式可以让多个 Web 网站使用同一个 IP 地址和使用默认的 TCP 端口号,并且与访问默认 Web 网站没有任何区别。

　　A. 不同的端口　　　　　　　　　　　　B. 不同的 IP 地址

　　C. 不同的主机头　　　　　　　　　　　D. 虚拟目录

9. (　　)方式不能用于在 IIS 中创建多个 FTP 站点。

    A. 使用不同的端口　　　　　　　　B. 使用不同的 IP 地址

    C. 使用不同的主机头　　　　　　　D. 使用虚拟目录

10. 下列关于 Serv-U 的说法中(　　)是错误的。

    A. 一个域对应一个 IP 地址和一个 TCP 端口号

    B. 一个 FTP 站点对应一个 IP 地址和一个 TCP 端口号

    C. 一个域内可以有多个用户,每个用户有自己的根目录

    D. 一个域内的每个用户可以单独设置对自己根目录的访问权限

11. 下列(　　)不是证书中包含的内容。

    A. 公钥　　　　　B. 私钥　　　　　　C. 密文　　　　　　D. 用户信息

12. 名词解释。

对称密钥体系:

非对称密钥体系:

公钥:

私钥:

证书:

CA:

密文:

明文:

HTTPS:

服务器证书:

Web 浏览器证书:

3.10　实训:网络服务配置

实训学时:2 学时　　实训组学生人数:5 人

实训目的

练习配置 Web 服务器、FTP 服务器和 DNS 服务器的操作以及使用 FTP 发布网站的操作。

实训环境

1. 安装有 TCP/IP 通信协议的 Windows XP 系统的 PC　4 台

2. 8 端口以上以太网交换机　1 台

3. 5 类 UTP 直通网线　6 条

4. 安装有 IIS 组件(包括 Web、FTP、DNS 服务)的 Windows 系统　1 台

5. 实训外部网络环境见图 2-35

实训准备

1. 按图 3-66 所示结构完成网络连接。按照实训分组编号 x 将交换机连接到对应的 10.0.x.1 网关上。

2. 公布本地首选 DNS 服务器地址及备用 DNS 服务器地址。

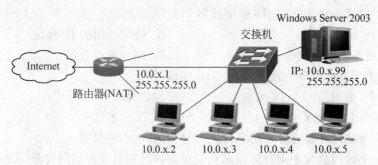

图 3-66　实训网络连接图

实训内容

1．默认 Web 网站配置。将默认 Web 网站的主目录设置成 D：\test。

2．默认 FTP 站点配置。将默认 FTP 站点目录设置成 D：\test，禁止匿名登录，允许写入站点。

3．在 Windows 系统中开设账户，以便登录 FTP 站点。

4．DNS 配置。新建正向查找主要区域，为 Web 服务器注册域名：www.testx。其中 x 为实训分组编号。为 FTP 服务器注册域名：ftp.testx。将公布的本地 DNS 服务器配置到 DNS 转发器列表中。

5．根据分配的 IP 地址配置 PC 的 TCP/IP 属性。

6．制作一个网页文件，保存为 Index.htm。使用 FTP 服务器将 Index.htm 网页文件发布到 Web 服务器的主目录 D：\test 中。

7．使用域名地址浏览内部网络服务器上的 Web 网站和 Internet 上的网站。

实训指导

1．默认 Web 网站配置。

（1）以 administrator 身份登录。根据实训小组编号，为服务器配置 IP 地址、子网掩码、默认网关。默认网关设置为 10.0.x.1。

（2）在服务器 D 盘根目录下创建一个 test 子目录。

（3）配置默认 Web 网站。在"Internet 信息服务（IIS）管理器"窗口中选择"网站"|"默认网站"选项，打开默认网站的属性对话框，IP 地址设置为服务器的 IP 地址，TCP 端口号使用 80，将默认 Web 网站的主目录设置成 D：\test。其他保持不变。

2．默认 FTP 站点配置。

在"Internet 信息服务（IIS）管理器"窗口中选择"FTP 站点"|"默认 FTP 站点"选项，打开默认 FTP 站点的属性对话框，IP 地址设置为服务器的 IP 地址，TCP 端口号使用 21，将 FTP 站点主目录设置成 D：\test，增加"写入"权限；在"安全账户"选项卡中取消选中"允许匿名连接"复选框，禁止匿名访问 FTP 站点。

3．在 Windows 系统中开设账户。

使用"管理工具"|"计算机管理"|"本地用户和组"|"用户"管理功能开设用户账户。

4．DNS 配置。

（1）在"正向查找区域"中新建正向查找主要区域，区域名称设置为 testx，其中 x 为实训分组编号。

（2）在"新建主机"对话框中，主机名使用 www，IP 地址使用服务器的 IP 地址。

（3）再为该 IP 地址注册一个 FTP 主机名。

（4）配置 DNS 服务器的转发器。将本地 DNS 服务器地址添加到"转发器"列表框中。

5．根据分配的 IP 地址配置 PC 的 TCP/IP 属性。

PC 的 IP 地址使用分配的 IP 地址，子网掩码使用 255.255.255.0，默认网关使用 10.0.x.1，DNS 配置为服务器的 IP 地址（10.0.x.99）。

6．使用 FTP 服务器将 Index.htm 网页文件发布到 Web 服务器的主目录 D:\test 中。

在 PC 的浏览器地址栏中输入 ftp://ftp.testx（x 为分组编号），输入用户名、密码登录 FTP 站点。在本地复制 Index.htm 文件，粘贴到 FTP 站点窗口中。

7．使用域名地址浏览内部网络服务器上的 Web 网站和 Internet 上的网站。

在 PC 上浏览器地址栏中输入 http://www.testx（x 为分组编号），在浏览器窗口内应该显示测试网页。

在浏览器中应该能够打开 Internet 上的网站。

实训报告

服务器配置实训报告

报告人信息：

实训分组编号		默认网关		
服务器 TCP/IP 属性设置	IP 地址		子网掩码	
	默认网关		DNS	
Web 网站配置	IP 地址			
	TCP 端口号			
	主目录			
FTP 站点配置	IP 地址			
	TCP 端口号			
	主目录			
	主目录允许权限			
	匿名访问	允许 □	禁止 □	
DNS 配置	新建正向查找主要区域名称			
	域中注册的主机	主机名	类型	数据
	转发器 IP 地址列表			
Windows 中开设的账户	用户名		密码	
PC 配置 子网掩码：255.255.255.0	IP 地址	默认网关	DNS	
在 PC 上的浏览器地址栏中输入 ftp://ftp.test_		结果：		
Web 网站主目录及其目录中的文件列表				
在 PC 上的浏览器地址栏中输入 http://www.test_		结果：		
在 PC 上的浏览器地址栏中输入 http://www.baidu.com		结果：		

素质训练自我评价报告

素质训练自我评价报告表

报告人信息：

项　　目	内　　容	自我评价				
		5	4	3	2	1
专业素质	TCP/IP 属性设置					
	默认网关的概念					
	TCP 协议端口号的概念					
	HTTP 协议默认端口号					
	FTP 协议默认端口号					
	Web 网站配置技能					
	FTP 网站配置技能					
	使用 FTP 上传和下载的技能					
	DNS 的配置					
	网络服务测试技能					
综合素质	团队协作意识					
	独立工作能力					
	资料阅读与分析能力					
	交流与沟通以及组织能力					
	职业道德（维护工作现场秩序）					
	遵纪意识					
综合评价	总分(80)					

第4章　数据库的基本概念

从事管理工作的人员总希望多学习一些计算机技术。因为办公系统都会用到数据库，而业务数据都存储在数据库中，所以应该掌握数据库的相关技术，以便能够充分地利用业务数据。但是对于非计算机专业人员来说，如果希望全面地掌握数据库管理与应用技术，确实并非易事。下面将介绍简单的数据库操作与应用技术，本书并不是要将读者培养成数据库管理员(Database Administrator，DBA)，也不可能将读者培养成数据库应用系统开发工程师，而是面向管理、营销类非计算机专业人员介绍数据库的基本操作和简单应用，以便对他们的工作有所帮助。

4.1　数据与数据库

4.1.1　程序与数据

在计算机上开发的业务处理应用系统一般称为计算机应用系统。在计算机应用系统中，一般人总是会想到程序很重要。其实在计算机应用系统中，最重要的是数据。程序是处理数据的命令代码，系统需要实现的最终目标是对业务数据的处理。程序是固定不变的处理过程，而数据是系统处理的结果。

在一个计算机应用系统中，如果程序出问题了，通过重新安装程序就可以恢复系统；如果计算机设备坏了，可以更新设备；但如果系统中的数据丢失了，将造成不可估量的损失。例如在银行系统中，程序不能运行了可以重装，计算机设备可以更新，如果将用户的账目数据丢失了，将如何处理呢？

在计算机应用系统中都需要对数据进行处理，只是不同系统中需要处理的数据量有多有少，需要处理的数据对象可能是数字、字母、文字、图形、图像、声音等。一般把需要对大量数据进行处理的计算机应用系统称为数据处理系统。在各种管理工作中都需要对大量的业务数据进行处理，例如人员、账目、设备、订单等。管理工作中的计算机应用系统都是数据处理系统。

4.1.2　数据文件与数据库

在早期的数据处理系统中，一般采用数据文件方式保存处理的数据。数据文件是由某个程序创建和使用的,一般不能和其他应用程序共享数据。数据文件的管理全部需要在应用程序中完成。

随着数据库技术的出现与完善,现在的数据处理系统几乎都使用数据库技术。数据库系统一般指使用专门的软件对存储的数据进行统一管理和控制的系统,用于对数据进行操作和管理的软件称为数据库管理系统(Database Management System,DBMS)。

如果在应用系统中使用数据库,首先需要购买一种数据库管理系统软件。在计算机系统中安装了数据库管理系统之后,使用 DBMS 可以创建、使用和维护数据库。在 DBMS 中可以创建多个数据库,这里的数据库是指由 DBMS 创建和管理的一组具有逻辑关系数据的物理存储,是物理意义上的数据库。

数据库产品称为数据库管理系统,在数据库管理系统内可以创建多个数据库,它们整体又称为数据库,所以对于数据库的概念读者要注意理解不同场合中的含义。

在数据库中不仅可以使不同的用户共享数据库中的数据,而且还能保障数据的完整性、可靠性和安全性。

4.1.3 常见的数据库产品

在众多的数据库产品中,一般都可以实现不同用户的数据共享,数据的完整性、可靠性和安全性保障。但是多数数据库产品一般只注重数据的管理,而没有用户开发界面。开发数据库支持的应用系统一般是在网络环境中使用 Java、.NET、JSP 等网站开发工具开发动态网站。下面是在动态网站中常用的数据库产品。

1. SQL Server

SQL Server 是运行于 Windows 操作系统平台、由 Microsoft 公司开发的数据库管理系统,具有非常强大而灵活的关系数据库创建、开发、设计及管理功能,在各个行业得到了广泛的应用,已经成为众多数据库产品中的杰出代表。

SQL Server 已经发布了 SQL Server 7.0、SQL Server 2000、SQL Server 2005、SQL Server 2008 等多个版本,目前最新的是 SQL Server 2008。各个版本中根据功能的强弱提供了企业版、标准版、工作组版和个人版,但是大多数企业都在 3 个版本之间选择:企业版、标准版和工作组版,因为只有这 3 个版本可以在生产服务器环境中安装和使用。本书主要介绍 SQL Server 2005 的基本使用方法。

2. Oracle

Oracle 是由甲骨文公司生产的享誉全球的数据库管理系统,它可以运行在几乎所有的硬件平台和软件平台环境中,以类 UNIX 操作系统平台为主,一般比较适合大型的行业领域,如电信、移动、联通、医疗保险、邮政部门等。因其在数据安全、数据处理方面具有卓越的性能以及良好的可移植性、稳定性等特点,Oracle 已成为当前占有绝对市场地位的大型数据库产品。

Oracle 数据库的主要版本包括 Oracle 7、Oracle 8、Oracle 9i、Oracle 10g 直到今天的 Oracle 11g,企业可以根据需求选择使用企业版或是标准版,以及是否另外选择购买其他功能组件。

3. MySQL

MySQL 是目前最为流行的开源数据库管理系统,可以运行于 Linux、Windows、OS/X、HP-UX、AIX 等至少 20 种操作系统平台上。由于其体积小、速度快、总体拥有成本低,尤其是源码开放这一特点,目前被广泛地应用在 Internet 上的中小型网站中。

MySQL 开发者为瑞典 MySQL AB 公司,2008 年被 SUN 公司收购,2009 年 SUN 公司又被 Oracle 公司收购。

4. Access

Access 是 Microsoft 公司推出的集成于 Office 中的一款桌面数据库产品。其数据处理能力不是很高,数据的可靠性和安全性等方面性能较差,但运行的环境要求不高,使用简单,比较适合小型的应用程序,目前多用于教学。

4.2 关系型数据库

常用的数据库产品中多数是关系型数据库。所谓关系型数据库是指数据的存储方式是按照二维表的形式组织的。一个关系型数据库中存储了若干个二维表。例如表 4-1,这是一个存储员工信息的二维表。

表 4-1 员工信息

员工编号	姓 名	性别	出生日期	职 务	职 称	参加工作时间	基本工资	电 话
01010001	孙 宁	男	1978-4-17	部门经理	工程师	2001-7-29	8200	15176888406
01010002	李延华	男	1979-12-5	业务主管	工程师	2002-8-15	6800	15132122464
01010005	段彩霞	女	1981-5-27	业务员	工程师	2004-7-23	5400	15830962785
...								

4.2.1 常用术语

1. 关系

每个二维表称为一个关系。例如表 4-1 所示的"员工信息"表就是一个关系。表由行和列组成。

2. 字段

每一列称为一个字段,同一个表内的字段名称不能重复。例如"员工编号"、"姓名"、"性别"等都是字段名(也称为列名)。在数据库的表格设计中字段名一般不使用汉字,但在输出时为了易读起见,可以将字段名转换为汉字显示。

3．记录

二维表中的一行称为一条记录。例如"员工信息"表中的每个员工信息称为一条记录。

4．表结构

每个二维表的第一行就是这个表的表结构，定义一个表通常就是定义表结构。

5．主键

其值能够唯一标识一行的字段称为主键。例如在"员工信息"表中，"员工编号"字段值可以唯一确定出一行记录，它可以唯一地标识每一名员工，所以"员工编号"可以作为该表的主键。主键也可以由若干字段组合构成。

4.2.2　关系的性质

关系是若干条记录的集合，每条记录的列的个数相同。关系具有以下性质。

（1）表中每一列名称必须是唯一的。

（2）表中每一列必须有相同的数据类型。

（3）表中不允许出现内容完全相同的行。

（4）表中行和列的顺序可以任意排列。

4.2.3　数据库对象

物理数据库可以理解成一个大的容器，它不仅仅包含存储的数据，还有很多数据库对象存放在里面。下面是本书中常用的两种数据库对象。

1．表

表是最重要的一类数据库对象，由行和列组成，用于存储数据库中的数据，有时候也称为数据表、数据库表、关系，由于它是产生视图对象的基础，所以也称为基表。

2．视图

视图是一种为了提高安全性或易操作性、降低复杂性等而采取的特殊的看待数据的方法。视图可以理解成是一张为了以某种特定格式显示一个或多个数据表中的数据而构造的虚拟二维表。"虚拟"二字的含义是：视图中并不存储数据，其数据来源于数据基表。实际上，在视图基础上还可以构造视图。

4.3　数据库应用系统设计

在一个数据处理计算机应用系统中一般需要考虑使用数据库技术。在系统设计阶段首先需要对数据库进行设计，或者说对数据存储的表结构进行设计。从计算机专业角度讨论数据库的设计,又分成数据库概念结构设计、数据库逻辑结构设计和数据库物理结构设计。这些设计都比较复杂而且理论性较强。由于本书针对的管理类人员通常不会单独去完成一个非常复杂的应用系统数据库设计,所以这里只是概要性地介绍数据库设计中需要注意的几个方面。

为了有针对性地介绍数据库应用系统的基本开发过程,本书首先设计一个示例性教学项目,一个模拟公司的业务管理系统。从本章开始,多数内容都是围绕这个具体的示例项目讲解的,通过该项目的实现达到"做中学、学中做"的教学目的。对于管理类应用项目,需要完成的工作都是类似的,只有内容和完成功能的差异。

4.3.1 模拟业务管理系统数据库逻辑设计

1. 模拟项目概述

该模拟公司要开发一个业务管理系统。该公司总部设在上海,成都、北京等地有分公司,各分公司下设有营业部。该业务管理系统主要完成公司员工基本信息管理的业务成绩管理,每个月员工报告一次上月份的业务成绩,业务成绩作为登记月的效益工资计算依据。

2. 数据库逻辑结构设计

虽然模拟项目非常简单,但是在这个系统中涉及全公司每个员工的个人基本信息和每个月的业务成绩,所以,该系统中至少应该包含两个表:员工基本情况表和员工业务成绩表。员工基本情况表可以包含如下字段:

员工编号

姓名

性别

出生日期

工作部门

部门地址

部门主管

职务

职称

参加工作时间

基本工资

效益工资

联系电话

员工业务成绩表可以包含如下字段:

员工编号

姓名

工作部门

日期

业务成绩

这个设计从表面上看没有什么问题，但是从专业的角度看问题是比较大的，主要是数据存储冗余问题。所谓存储冗余是指存储了没有必要存储的数据，占据了不必要的存储空间。具体表现如下：

（1）员工业务成绩表中存储了不必要的"姓名"、"工作部门"字段。在员工业务成绩表中有"员工编号"字段，通过该字段在员工基本情况表中就可以得到该员工的"姓名"、"工作部门"等信息，所以"姓名"、"工作部门"两个字段应该删除。"员工编号"字段在员工业务成绩表中也称为"外键"，即通过该字段可以建立表之间的信息联系。

（2）员工基本情况表中的"工作部门"、"部门地址"、"部门主管"、"效益工资"字段设置不合适。在一个部门中有多个员工，他们的部门信息都是一致的。像上面这样存储员工信息，在数据表中就会出现很多相同的信息，即数据冗余。解决这个问题的方法是单独设计一个部门表，通过部门编码建立表之间的联系；"效益工资"字段内容肯定不会是固定的，而且需要使用其他字段内容计算产生，即该字段对其他字段有依赖性，所以应该删除。

综合上述分析，该业务管理系统数据库中的表和表结构可以做如下设计。

员工基本情况表结构：

员工编号

姓名

性别

出生日期

部门编号

职务

职称

参加工作时间

基本工资

联系电话

部门基本情况表结构：

部门编号

部门名称

部门地址

部门主管

员工业务成绩表结构：

员工编号

日期

业务成绩

在这个数据库设计中，员工编号的设计需要考虑，如果全公司员工统一编号，对于每个分公司增加新员工后编号将不能连续。但是如果每个分公司单独编号，那么所有员工的信息将不能放置在一个表中，因为员工编号将发生重复。可以考虑在员工编号中增加部门编号，即员工编号为部门编号＋部门内部编号，这样在员工基本情况表中还可以删除"部门编号"字段。

4.3.2 模拟业务管理系统数据库物理设计

根据上述分析,对该模拟业务管理系统数据库进行物理设计,具体如下:

(1) 数据库名称:comp。

(2) 数据库中的表格

① 部门基本情况表:bminfo。

② 员工基本情况表:ygong。

③ 员工业务成绩表:yeji。

数据库中部门基本情况表结构如表 4-2 所示。

表 4-2 部门基本情况表结构

序号	字 段	字段名称	字段类型	字段长度	备 注
1	部门编号	bmid	字符	4	前两位数字为公司编号;后两位数字为营业部编号
2	部门名称	bmmc	字符	30	
3	部门地址	bmdz	字符	30	
4	部门主管	bmzg	字符	6	

数据库中员工基本情况表结构如表 4-3 所示。

表 4-3 员工基本情况表结构

序号	字 段	字段名称	字段类型	字段长度	备 注
1	员工编号	ygid	字符	8	前 4 位数字为公司、营业部编号;后 4 位数字为部门内部编号
2	姓名	xm	字符	5	
3	性别	xb	字符	1	
4	出生日期	csrq	日期		
5	职务	zhiwu	字符	6	
6	职称	zhicheng	字符	6	
7	参加工作时间	cjgz	日期		
8	基本工资	jbgz	数值		单位:元
9	联系电话	dh	字符	12	

数据库中员工业务成绩表结构如表 4-4 所示。

表 4-4 员工业务成绩表

序号	字 段	字段名称	字段类型	字段长度	备 注
1	员工编号	ygid	字符	8	与员工基本情况表中相同
2	日期	rq	日期		业绩登记日期
3	业绩	yj	数值		以"元"为单位的销售业绩

4.4 小　　结

本章主要介绍了数据库的一些基本概念。设计了一个示例性教学项目——模拟公司业务管理系统。以后的教学内容将主要围绕该示例系统展开,读者务必了解该示例项目的数据表结构设计、字段名称;了解表名称、数据库名称及其表示的内容。

4.5 习　　题

1. 在计算机应用系统中,最重要的是(　　)。
　　A. 计算机程序　　B. 计算机设备　　C. 机房安全　　D. 存储的业务数据
2. 下列关于数据库的说法(　　)是错误的。
　　A. 在计算机中将数据集中存放在一起
　　B. 使用数据库中的数据需要通过 DBMS
　　C. 数据库能保障数据的完整性、可靠性和安全性
　　D. 可以使不同的用户共享数据库中的数据
3. 下列关于数据库中“关系”的说法(　　)是错误的。
　　A. 每个二维表称为一个关系
　　B. 表中每一列名称必须是唯一的
　　C. 表中列的顺序必须固定
　　D. 表中每一列必须有相同的数据类型
4. 下列关于数据库中“视图”的说法(　　)是错误的。
　　A. 视图是一种存储数据的表
　　B. 视图可以从一个基表中构造
　　C. 视图可以从多个数据表中构造
　　D. 视图可以从另一个视图中构造
5. 某物流公司要开发一个“车辆管理系统”。需要存储的信息如下:

车辆编号

车牌号

型号

生产厂家

载重量

出厂日期

购进日期

使用人

维修记录

车辆状态(正常、大修、报废)

按照尽量减少数据冗余的原则,完成数据库及数据表结构的设计。

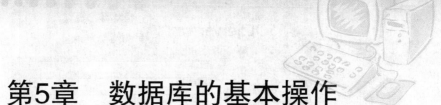

第5章 数据库的基本操作

一个业务管理人员面对业务系统内的大量数据,最想做的事情就是进入数据库系统,直接操作数据库中存放的数据,从而得到在业务系统中没有办法得到的一些数据。但是,如果没有数据库的操作知识,盲目地打开数据库,不但得不到想要的东西,甚至可能对数据造成破坏。下面首先介绍数据库的基本操作。各个业务系统数据库中存储的内容是不同的,但对数据库的操作方法是相同的。下面以 SQL Server 2005 为例介绍数据库的基本操作方法。

5.1 进入 SQL Server 2005 数据库管理系统

在一个安装有 SQL Server 2005 服务器的计算机系统中(常见的是 Windows Server 2003),能够进入 SQL Server 2005 数据库管理系统的必要条件是登录 Windows 系统的用户对数据库有操作权限。一般以系统管理员(用户名使用 administrator)或具有系统管理权限身份的用户名登录到 Windows 系统后,就可以对数据库进行无限制的操作。

1. SQL Server Management Studio

SQL Server Management Studio 简称 SSMS,是 Microsoft SQL Server 2005 提供的一种集成环境,用于访问、配置、控制、管理和开发 SQL Server 的工具软件。SSMS 组合了大量图形工具和丰富的脚本编辑器,在数据库服务器中直接对数据库操作一般都需要使用 SSMS。

2. 连接到数据库服务器

在 Windows 系统中从"开始"|"程序"| Microsoft SQL Server 2005 菜单中选择 SQL Server Management Studio 选项,打开"连接到服务器"对话框,如图 5-1 所示。

在图 5-1 中,服务器类型一般选择"数据库引擎";"服务器名称"一般是 Windows 系统的计算机名称,不同的计算机上显示的服务器名称是不同的;"身份验证"一般使用"Windows 身份验证",如果选择"SQL Server 身份验证"选项还需要输入 SQL Server 服务器上的用户名和密码。在一般情况下不要更改"连接到服务器"对话框中的默认选项,可直接单击"连接"按钮打开 SQL Server Management Studio 工作窗口,如图 5-2 所示。

在 SQL Server Management Studio 工作窗口中,除了菜单栏、工具栏之外还有 3 个

图 5-1 "连接到服务器"对话框

图 5-2 SQL Server Management Studio 工作窗口

窗口。

（1）"已注册的服务器"窗口

"已注册的服务器"窗口中列出的是可以管理的数据库服务器。在服务器的图标上有一个绿色的标记时表示该服务器已经启动；在服务器的图标上有一个红色的标记时表示该服务器已经停止。右击服务器，通过快捷菜单中的命令可以启动或停止数据库服务器。

（2）"对象资源管理器"窗口

在"对象资源管理器"窗口中列出的是数据库服务器中所有数据库对象的树状目录结构。在"对象资源管理器"窗口中可以完成许多种操作，通常是对数据库对象进行操作。

（3）文档窗口

在文档窗口中可以编辑查询语句和显示查询结果。在一般情况下文档窗口中将显示选中对象的"摘要"信息。

5.2　创建示例系统数据库

5.2.1　数据库对象

在 SQL Server Management Studio"对象资源管理器"窗口中展开"数据库"对象，对象资源管理器树状目录如图 5-3 所示。

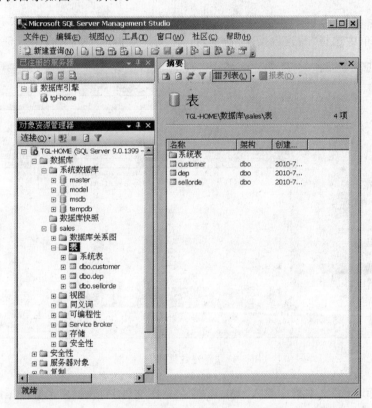

图 5-3　展开"数据库"对象

从"对象资源管理器"窗口中可以看到，在"数据库"对象中有如下 3 类数据库。

（1）系统数据库

系统数据库中有 master、model、msdb 和 tempdb，它们主要记录系统的一些重要信息和提供数据库模板、示例等。

（2）数据库快照

数据库快照保存数据库某一时刻的数据存储情况，用于将数据库恢复到某一时刻。

（3）用户数据库

除了系统数据库和数据库快照之外的数据库就是用户使用的数据库。在一个数据库服务器中可能有多个用户数据库。在图 5-3 中，sales 就是一个用户数据库。在 sales 数据库中展开"表"对象，可以看到 sales 数据库中有 customer、dep、sellorde 3 个表。表名称前面的

dbo 是数据库拥有者的意思,表示操作员对这些数据表拥有所有的操作权限。

5.2.2 创建用户数据库

下面按照 4.3.2 小节中模拟业务管理系统数据库物理设计,完成数据库和数据库中表的创建。

1．创建数据库

在 SQL Server Management Studio"对象资源管理器"窗口中右击"数据库"对象名,在弹出的快捷菜单中选择"新建数据库"命令,打开"新建数据库"对话框,如图 5-4 所示。

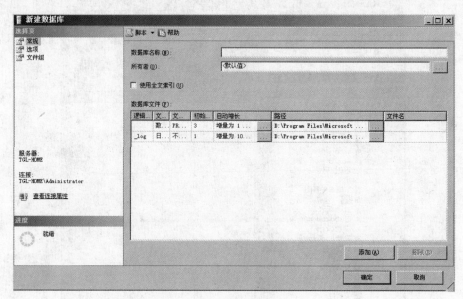

图 5-4 "新建数据库"对话框

在"数据库名称"文本框中输入 comp,在"数据库文件"列表框中选择数据库的存放路径(最好自己选择存放路径,不要使用默认路径,日志文件的存放路径要和数据库文件相同),单击"确定"按钮,在 SQL Server Management Studio"对象资源管理器"窗口中就会增加一个 comp 数据库,如图 5-5 所示。

2．创建表操作

在图 5-5 所示的窗口中展开 comp 数据库,右击"表"对象,在弹出的快捷菜单中选择"新建表"命令,在文档窗口中打开创建表结构窗口,如图 5-6 所示。

创建表结构窗口中的"列名"即表中字段名称;"数据类型"即字段的数据类型。在 SQL Server 2005 中可供选择的数据类型较多,一般可以参照下列规则考虑。

(1) 字符型数据

字符型数据可以选择如下数据类型。

① char(n),固定长度的 n 个字节字符数据,n 的取值为 $1\sim8000$。对于一个汉字需要

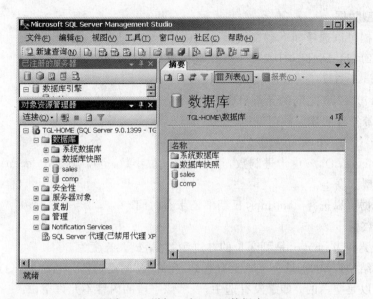

图 5-5　增加一个 comp 数据库

图 5-6　创建表结构窗口

占 2 位。

② varchar(n)，可变长度的字符数据。占用的存储空间根据实际存储的数据而定。

③ nchar(n)，Unicode 编码的长度为 n 的字符数据，n 的取值为 $1\sim4000$。每个汉字和字符都占用 1 位。

④ nvarchar(n)，Unicode 编码的可变长度字符数据，占用存储空间根据实际存储的数据而定。

⑤ ntext，Unicode 编码的变长字符数据，最大长度可以达到 1GB。

（2）数值型数据

数值型数据可以选择如下数据类型。

① int，－2147483648～2147483647 之间的整数。

② smallint，－32767～32768 之间的整数。

③ tinyint，0～255 之间的无符号整数。

④ float，带符号的浮点数（足够大）。

⑤ money，带符号的货币数字（足够大）。

⑥ numeric(m,n)，m 位十进制数，其中包含 n 位小数，也可以使用 decimal(m,n)。

（3）日期型数据

日期型数据可以选择 datetime，日期中还带有时间。

（4）图像数据

图像数据类型为 image，是可变长的二进制数据，最大长度为 2GB。

在创建表结构窗口中，每个字段上有一个"允许空"的复选框。当选中该行的复选框时，表示该字段可以是空白的；如果没有选中，表示该字段的内容不允许空白。

3．创建 comp 数据库中的表格

按照 4.3.2 小节中的设计，在新建表窗口中输入部门信息表相应的字段名，选择数据类型，并设置是否允许为空。最后右击 bmid 字段名，在弹出的快捷菜单中选择"设置主键"命令，在 bmid 字段名前面出现一个钥匙图标，表示该字段为主键，创建完成后的结果如图 5-7 所示。

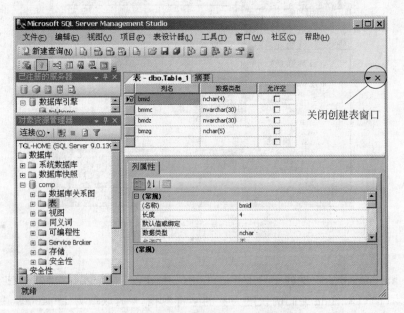

图 5-7　部门信息表创建完成后的结果

单击文档窗口右上角的"关闭"按钮，会出现保存修改的提示对话框，单击"确定"按钮后出现如图 5-8 所示的"选择名称"对话框。在"选择名称"对话框中输入表名称 bminfo，单击"确定"按钮，在"数据库"对象下面就会出现新建的 bminfo 表。

按照4.3.2小节中的设计和上述操作方法，很容易就能够创建出 ygong 和 yeji 表。

4.dbo

图5-8　"选择名称"对话框

在创建表时的页标题中以及数据库中的表名之前总会有"dbo."前缀，例如 dbo.bminfo。dbo 是 Database Owner 的缩写，即数据库所有者。在数据库中对象的表示方法如下：

服务器名.数据库名.所有者名.对象名

一般使用简单的表示方式：

所有者名.对象名

或者只使用

对象名

5.3　输入数据与数据约束

5.3.1　向数据库表中输入数据

在数据库中选中需要输入数据的表，右击，在弹出的快捷菜单中选择"打开表"命令，在文档窗口中会出现该表的关系，每一行为一条记录，在相应的字段中输入相应的内容。一条记录输入完成后，下面就会出现一条显示都为 NULL 的空记录。向 bminfo 表中输入数据的结果如图5-9所示。

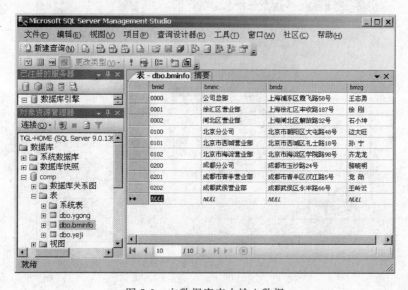

图5-9　向数据库表中输入数据

5.3.2 数据约束

1. 空值约束与主键约束

在 bminfo 表中输入数据时，如果某个字段内容为空，系统将给出错误提示信息，这是因为在创建表结构时各个字段都不允许空，在 SQL Server 中称为"允许空值"约束。

在 bminfo 表中已经设置了 bmid 字段为"主键"。对于主键字段，除了不允许空值之外，还不允许有重复的内容。如果在 bmid 字段输入数据时输入了和前面记录重复的内容，系统也会给出错误提示信息，并且输入的数据不会被保存，这种约束称为主键约束。

2. 外键约束

在 ygong 表和 yeji 表中都有 ygid 字段。在 yeji 表中通过 ygid 字段可以得到 ygong 表中员工的姓名、部门等信息。如果在 yeji 表中输入数据时 ygid 字段的值在 ygong 表中没有对应的值，那么这条业绩记录就是一条错误记录，这种现象在数据库中称为数据的完整性。为了保证数据的完整性，yeji 表中的 ygid 字段值必须和 ygong 表中的 ygid 字段值建立参照关系，这种参照关系在数据库中称为外键约束。

为 yeji 表建立外键约束的操作步骤如下：

（1）在 SQL Server Management Studio "对象资源管理器"窗口中右击 yeji 表，在弹出的快捷菜单中选择"修改"命令，打开表结构窗口。

（2）在 yeji 表结构窗口中右击 ygid 字段名，从弹出的快捷菜单中选择"关系"命令，打开"外键关系"对话框，单击"添加"按钮为 yeji 表添加一个外键关系 FK_yeji_yeji，如图 5-10 所示。

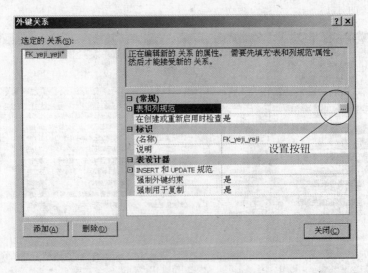

图 5-10 "外键关系"对话框

（3）单击"表和列规范"后面的属性设置按钮，打开"表和列"对话框，如图 5-11 所示。

在"主键表"下拉列表框中选择 ygong 表，在 ygong 表下面列表框中选择 ygid 字段；

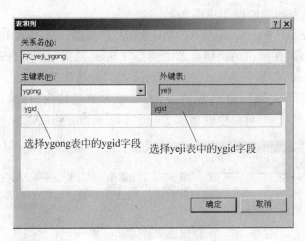

图 5-11 "表和列"对话框

"外键表"中默认的表是 yeji,在 yeji 表下面的列表框中选择 ygid 字段,这时"关系名"改变成了 FK_yeji_ygong。单击"确定"按钮后,再关闭"外键关系"对话框和表结构窗口,确认表结构已修改,外键约束建立完成。如果展开 yeji 表对象,在它的"键"对象中就有了一个 FK_yeji_ygong 关系。

在建立了外键约束之后,在 yeji 表中输入数据时,如果 ygid 字段的值在 ygong 表中不存在,系统将提示错误信息,输入的数据也不能被保存。

在 ygong 表和 yeji 表之间建立了外键约束之后,如果 yeji 表中有 ygid=01020004 的相关记录,在 ygong 表中删除 ygid=01020004 的记录时就会出现错误提示,禁止删除。

3. 默认约束

默认约束是某个字段的默认内容。例如在 ygong 表中将 xb 字段的默认约束设置为"男",设置方法为:在图 5-12 所示的 ygong 表结构窗口中,选择 xb 字段,在"列属性"窗口中将"默认值或绑定"属性设置为"男"即可。设置完成后,关闭表结构窗口,确认表结构已修改,在 ygong 表对象的"约束"关系中就增加了一个 DF_ygong_xb 约束关系。

又如,如果希望在 yeji 表中输入数据时,rq 字段使用当前的系统日期,可以在"默认值或绑定"属性后面的文本框中输入系统时间函数 getdate()。

为字段设置了默认约束后,如果该字段省略输入,该字段将采用默认值。

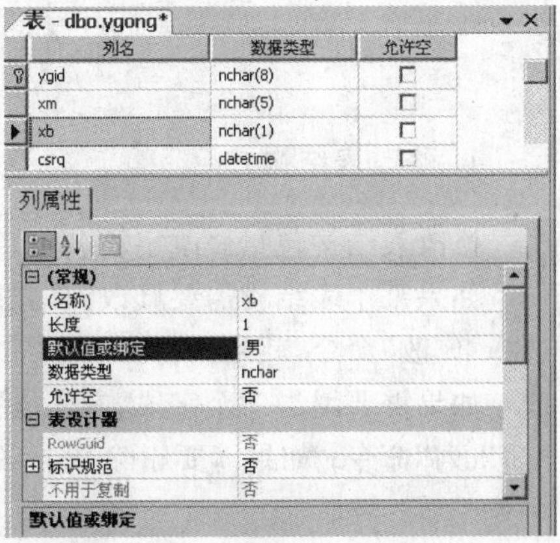

图 5-12 默认约束设置

4. 检查约束

在 ygong 表中,xb 字段的内容应该只为"男"或"女"。但是如果该字段出现了其他的内容,就表示出现了数据不完整性错误。可以设置检查约束来限制不合理的输入。为 ygong

表的 xb 字段设置检查约束的操作步骤如下：

（1）在 SQL Server Management Studio"对象资源管理器"窗口中打开 ygong 表结构窗口。

（2）右击 xb 字段，在弹出的快捷菜单中选择"Check 约束"命令，打开"CHECK 约束"对话框，单击"添加"按钮，添加一个 CK_ygong 约束，在"表达式"栏中输入"xb＝'男' or xb＝'女'"，如图 5-13 所示。关闭"CHECK 约束"对话框和表结构窗口，确认表结构已修改，在 ygong 表对象下面的"约束"对象中就增加了一个 CK_ygong 约束。

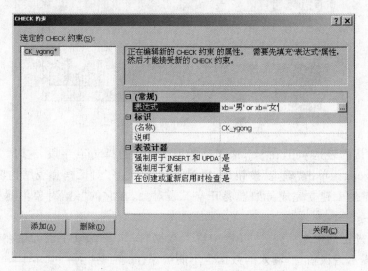

图 5-13　设置检查约束

采用同样的方法，可以给 yeji 表中的 yj 字段增加一个检查约束，yj 字段的取值范围为 0～100000，表达式可以写成：

yj ＞＝ 0 and yj ＜＝ 100000

5.4　其他数据库操作

1. 修改表结构

修改表结构包括修改字段名称、字段类型、是否允许空，添加和删除字段，设置主键等操作。如果某个表结构需要修改，首先在数据库中选中该表对象，右击，在弹出的快捷菜单中选择"修改"命令，就可以打开和创建表结构相同的窗口，在窗口中可以对各个字段进行修改。如果需要增加一个字段，右击欲插入字段后面的一个字段行，在弹出的快捷菜单中选择"插入列"命令；如果需要删除某个字段，右击该字段行，在弹出的快捷菜单中选择"删除列"命令。

2. 修改数据库中的数据

在数据库中选中一个表对象，右击，在弹出的快捷菜单中选择"打开表"命令，该表就会在文档窗口中打开。如果需要修改某个数据项，可以在表中直接修改；如果需要删除一行记录，右击该行，在弹出的快捷菜单中选择"删除"命令。

3. 删除表和数据库

在 SQL Server Management Studio "对象资源管理器"窗口中选中数据库中的表,右击,在弹出的快捷菜单中选择"删除"命令即可删除该表;如果选中一个数据库,选择"删除"命令后将删除该数据库以及数据库中的所有表,并且将删除该数据库中的所有文件。如果只是希望将数据库从服务器中去除,可以在右击数据库对象后弹出的快捷菜单中选择"任务"|"分离"命令。分离之后该数据库将从数据库服务器中消失,但存放的数据库文件并不会丢失。以后还可以通过"附加"命令再将数据库附加到服务器中。

5.5 数据库的复制与附加

在数据库应用系统中,数据库管理员每天都会备份数据库以防数据丢失。对于初学者,练习用的数据库可以考虑复制到自己的 U 盘上,这对于在教学实验室环境中的学员是比较安全的。因为在教学实验室中为了防止计算机病毒传播通常采用硬盘保护措施,即便是将数据库备份到其他硬盘上,当计算机重新启动后,所有硬盘都会恢复到系统保护前的状态,这样无论是创建的数据库,还是备份的数据库都不会保留,所以将数据库复制到 U 盘上,下次练习时可以直接将数据库附加到数据库服务器中,数据库中保存的数据以及其他对象都不会丢失。

1. 复制数据库

在正常情况下,数据库是不能复制的。为了将数据库复制到其他硬盘或 U 盘上,首先需要将欲复制的数据库从联机状态转换到脱机状态。

例如,将 comp 数据库复制到 U 盘上,操作过程如下:

(1) 使 comp 数据库进入脱机状态

在 SQL Server Management Studio "对象资源管理器"窗口中右击 comp 数据库,从弹出的快捷菜单中选择"任务"|"脱机"命令,使 comp 数据库进入脱机状态。在 SQL Server Management Studio "对象资源管理器"窗口中 comp 数据库对象上会标识出"(脱机)"。

(2) 复制数据库

从数据库的存放路径中找到存放 comp.mbf(数据库文件)和 comp_log.ldf(数据库日志文件)的文件夹,将文件夹复制到 U 盘上。

2. 附加数据库

(1) 将 U 盘上的数据库存放文件夹复制到硬盘驱动器上。

(2) 在 SQL Server Management Studio "对象资源管理器"窗口中右击数据库对象,在弹出的快捷菜单中选择"附加"命令,打开"附加数据库"对话框,如图 5-14 所示。

单击"要附加的数据库"列表框下面的"添加"按钮,打开"定位数据库文件"对话框。在"定位数据库文件"对话框中通过浏览方式找到硬盘驱动器上存放数据库的文件夹,选中其中的 comp.mdf 文件,单击"定位数据库文件"对话框中的"确定"按钮,"要附加的数据库"列表框中会显示要附加的数据库信息;"数据库详细信息"列表框中会显示 comp.mdf 和

comp_log. ldf 两个文件的信息。单击"确定"按钮，comp 数据库就附加到了数据库服务器中，其中的内容和复制之前的内容完全一样。

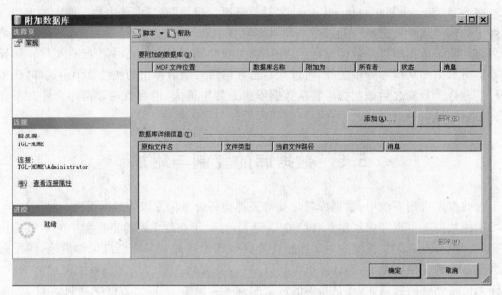

图 5-14 "附加数据库"对话框

5.6 小 结

本章主要介绍了 SQL Server 2005 的基本操作，包括 SQL Server Management Studio 的简单使用、创建数据库和创建表的操作。还介绍了表的约束关系以及使用 SQL Server Management Studio 对表进行的基本操作以及数据库的复制及附加操作。

5.7 实训：创建数据库

1. 在 SQL Server 2005 数据库服务器 D:\db 目录中创建 comp 数据库。

实训指导：在执行创建数据库操作之前，首先在 D:\下新建一个文件夹 db。在进行创建数据库操作时，将数据库文件和日志文件的存放路径修改为 D:\db。

2. 根据 4.3.2 小节中对模拟业务管理系统数据库的物理设计，创建 bminfo、ygong、yeji 数据表。

要求：

（1）bminfo、ygong 要设置主键。

（2）为 yeji 表建立外键约束。

（3）为 yeji 表 rq 字段设置默认约束，默认值为系统日期。

（4）为 ygong 表的 xb 字段设置检查约束，检查值只允许为"男"和"女"。

3. 使用 SQL Server Management Studio 向 comp 数据库中输入数据。

（1）根据表 5-1 中的内容向 bminfo 数据表中录入数据。

表 5-1 部门信息

bmid	mc	dz	bmzg
0000	公司总部	上海浦东区霞飞路 58 号	王志勇
0001	徐汇区营业部	上海徐汇区丰收路 187 号	徐刚
0002	闸北区营业部	上海闸北区解放路 32 号	石小坤
0100	北京分公司	北京市朝阳区大屯路 48 号	边大旺
0101	北京市西城营业部	北京市西城区礼士路 18 号	孙宁
0102	北京市海淀营业部	北京市海淀区学院路 98 号	齐龙龙
0200	成都分公司	成都市玉沙路 24 号	骆晓明
0201	成都市青羊营业部	成都市青羊区汉江路 5 号	党勋
0202	成都武侯营业部	成都武侯区永丰路 66 号	王岭云

（2）根据 bminfo 表中的数据，在 ygong 表中为各个部门输入人员模拟数据。

（3）根据 ygong 表中的人员模拟数据向 yeji 表中输入业绩模拟数据。

4．将 comp 数据库复制到 U 盘上。

第6章　SQL语言

　　SQL(Structured Query Language)是一种功能强大的结构化查询语言,从 1981 年起就有了这种结构简洁、功能强大、简单易学的数据库查询语言。SQL 语言是各种关系型数据库操作的标准语言。1992 年美国国家标准局(ANSI)与国际标准化组织(ISO)制定了 SQL 标准,称为 ANSI SQL-92。尽管不同的关系数据库使用的 SQL 版本有一些差异,但大多数都遵循 ANSI SQL-92 标准。SQL Server 使用 ANSI SQL-92 的扩展集,称为 Transact-SQL,简称 T-SQL。

6.1　SQL 语言概述

6.1.1　SQL 语法及使用方式

1. SQL 语句书写格式

　　SQL 命令中命令动词、函数名等保留字字母不区分大小写,使用大小写只是个人的习惯,系统不加区分。但是在系统自动生成的 SQL 语句中 SQL 保留字,如命令动词、函数名等使用大写字母,所以大家都习惯将 SQL 保留字用大写字母表示。对于初学者看到大写字母组成的单词或许不太习惯。为了照顾初学者,本书中尽量使用小写字母书写单词。读者在读 SQL 语句时不要在意单词的大小写。

　　一条 SQL 语句可以书写在一行上,也可以书写在多行上。为了清楚地表达逻辑关系,一条复杂的 SQL 语句经常使用递缩格式书写在多行上。例如:

```
select
     ygid as 员工编号,'段彩霞' 姓名,bmmc 部门名称,
     convert(nchar(10),rq,102) 报告日期,yj 业绩
from yeji a join (
        select
            bmmc,bmid from bminfo) b on left(ygid,4) = b.bmid
        where ygid in((
                    select
                        ygid
                    from ygong
                    where xm = '段彩霞'))
order by ygid
```

SQL 语句中的符号不能在汉字状态下输入,在输入 SQL 语句时要特别注意键盘的状态,否则会造成语句错误。

2. 注释语句

注释语句是对代码的说明,系统不会执行注释语句。注释语句可以采用下面两种格式。

(1) 多行注释:/ * 注释文字 * /

多行注释是从"/ *"开始到"* /"结束的多行注释文字。例如:

```
/ * 下面是打开数据库的操作命令
如果是在数据库的查询窗口中,下面两行代码可以不写 * /
use comp
go
```

(2) 单行注释:--注释文字

单行注释用在代码行的后面对代码进行解释说明。例如:

```
from yeji left join ygong on yeji.ygid = ygong.ygid    -- 建立左外连接
```

3. SQL 语句使用环境

(1) 嵌入式

将 SQL 语句嵌入在高级语言程序中,如 Java、C♯等语言程序中,来实现对数据库的操作。嵌入式环境一般用于网站开发。

(2) 交互式

在 SQL Server Management Studio 的文档窗口中直接输入 SQL 命令对数据库进行操作。

6.1.2 SQL 语言功能分类

SQL 语言从功能上主要分为以下 3 类。

1. 数据定义语言 DDL

DDL(Data Definition Language)用于创建、删除、修改数据库和数据库内对象。例如:

```
create   database   数据库名称                 -- 创建数据库
drop database   数据库名称                     -- 删除数据库
create   table   表名
        (字段名 字段类型(长度),
         字段名 字段类型(长度),
              …
         )                                    -- 创建表
drop table 表名                                -- 删除表
```

1) 创建数据库和创建数据表

【例 6-1】 在 SQL Server Management Studio 中使用 SQL 语句创建一个仓储数据库 storage,在 storage 数据库中创建一个库存表 kucun,kucun 表结构如下。

编号：bh，字符型（10 位），非空

名称：mc，字符型（30 位），非空

规格：gg，字符型（20 位），允许空

单位：dw，字符型（4 位），非空

数量：sl，整型数，非空

单价：dj，2 位小数、8 位整数，非空

生产日期：scrq，日期型，允许空

位置：wz，字符型（10 位），非空

在该例题中使用 SQL 语句的操作过程如下：

（1）在 SQL Server Management Studio 中使用 SQL 语句创建数据库 storage

① 在 SQL Server Management Studio"对象资源管理器"窗口中右击数据库服务器名称，在弹出的快捷菜单中选择"新建查询"命令，文档窗口的页标题会显示"服务器名. master-..."，如图 6-1 所示。图 6-1 中文档窗口的页标题显示 TGL-HOME. master-SQLQuery1. sql＊，表示当前状态是在该服务器下。其中 TGL-HOME 是数据库服务器的名称（计算机名）；master 表示是在数据库系统下，而不是在用户数据库中；SQLQuery1. sql 表示是一个 SQL 查询。

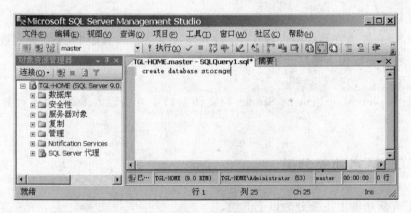

图 6-1　在文档窗口中输入 SQL 语句

② 在如图 6-1 所示的文档窗口中输入如下 SQL 语句。

```
create database storage
```

③ 单击 SQL Server Management Studio 工具栏中的"执行"按钮，在文档窗口下面会出现一个"消息"窗口，报告 SQL 语句执行情况。如果"消息"窗口中显示"命令已成功完成"，表示 SQL 语句没有错误，并且已经成功执行；如果"消息"窗口中有错误信息报告，表示 SQL 语句中存在语法错误，命令不能被执行，需要修改后重新执行。命令被正确执行后，刷新"对象资源管理器"窗口（在"对象资源管理器"窗口中右击，在弹出的快捷菜单中选择"刷新"命令），就可以看到数据库中添加了 storage 用户数据库。

（2）使用 SQL 语句在 storage 数据库中创建表 kucun

① 在 SQL Server Management Studio 资源管理器窗口中右击数据库 storage，在弹出的快捷菜单中选择"新建查询"命令，文档窗口的页标题显示 TGL-HOME. storage -SQLQuery1. sql＊，

表示当前状态是在 storage 数据库中。

② 在文档窗口中输入如下 SQL 语句。

```
create  table  kucun
    (bh nchar(10) not null primary key,
  mc nchar(30) not null,
  gg nchar(20) null,
  dw nchar(4) not null,
  sl int not null,
  dj numeric(10,2) not null,
  scrq datetime null,
  wz nchar(10) not null)
```

其中，not null 表示该字段不允许为空值；primary key 表示该字段是主键。每个字段的字段名、字段类型等属性之间使用空格间隔，不同字段之间使用非汉字逗号间隔。

2）删除数据表

在 SQL Server Management Studio 中完成删除数据表的操作非常简单，选中需要删除的数据表，直接删除即可。

如果使用 SQL 语句删除数据表 kucun，必要的操作条件是在 storage 数据库中。一种方法是像创建表时那样右击数据库 storage，在弹出的快捷菜单中选择"新建查询"命令，当页标题显示 TGL-HOME. storage -SQLQuery1. sql * 后，在文档窗口中使用如下 SQL 语句。

```
drop table kucun
```

另一种方法是直接在文档窗口中输入如下命令。

```
use storage
go
drop table kucun
```

其中，use storage 是打开数据库命令；go 是提交一批命令给 SQL Server 处理的命令。上述命令的意思是先打开 storage 数据库，然后删除 storage 数据库中的 kucun 表。由于首先使用命令打开了数据库 storage，所以无论文档窗口页标题中显示什么（在什么状态下）都没有关系了。

以上的处理方式是在交互式处理中经常使用的，但是不一定每条命令后都有一个 go 命令，可以在若干条命令后使用一个 go 命令。该若干条命令应该完成一个特定的操作。

> 注意：在使用 SQL 语句进行操作时，如果不能保证状态正确，应该在 SQL 命令前使用如下语句。
>
> ```
> use 数据库名
> go
> ```

2. 数据操纵语言 DML

DML（Data Manipulation Language）主要实现数据的查询、插入、删除以及修改等操作,主要包含 select、insert、update、delete 语句。数据操纵语言是学习 SQL 语句的重点。

3. 数据控制语言 DCL

DCL(Data Control Language)主要用于定义数据库用户的权限,主要包含 grant、revoke 语句。在本书中不涉及 DCL。

6.2　基本数据操纵语句

6.2.1　数据插入语句 insert

数据插入语句基本格式:

insert into　表名　[(列名[,…])] values (值[,…]);

说明:

(1) [(列名[,…])]:称为列名列表(或字段名列表),用于指明要添加值对应的列。如果表中某些列在列名列表中没有出现,则新记录在这些列上将取空值或默认值;如果对所有的列都要添加新值,则列名列表可以省略不写。

[ ]表示该部分内容是可以没有的,如果使用该部分内容,在书写时要去掉[ ](以下同)。

(2) (值[,…]):称为值列表,与列名列表或表定义的列必须在个数、先后次序、数据类型、宽度要求等方面完全一致,否则不是出现系统错误提示,就是添加的数据与字段含义不符,例如在"姓名"字段中写入了其他字段的内容。出现系统错误提示时表示数据插入操作失败。

在书写插入字段值时必须注意如下方面。

① 字符型数据:使用非汉字单引号括起来,例如'王明'。

② 数值型数据:直接书写。

③ 日期型数据:使用非汉字单引号括起来,例如'2010-9-15'。

【例 6-2】　在 SQL Server Management Studio 中使用 SQL 语句在数据库 storage 的库存表 kucun 中插入一条记录。

编号:1001010001

名称:螺纹钢

规格:16～25mm 335HRB

单位:吨

数量:5600

单价:4570.00

生产日期:2010 年 3 月 24 日

位置:5-6-32

在 SQL Server Management Studio 中的操作步骤如下:

① 在 SQL Server Management Studio"对象资源管理器"窗口中右击数据库 storage,在弹出的快捷菜单中选择"新建查询"命令。

② 在文档窗口中输入如下 SQL 语句。

```
insert into kucun values('1001010001','螺纹钢','16－25mmHRB335','吨',5600,4570.00, '2010－
3－24','5－6－32')
```

③ 单击 SQL Server Management Studio 工具栏中的"执行"按钮后,如果"消息"窗口中没有错误提示,只有"(1 行受影响)"信息,表示成功插入了一行记录。打开 kucun 表,可以看到插入后的结果如图 6-2 所示。

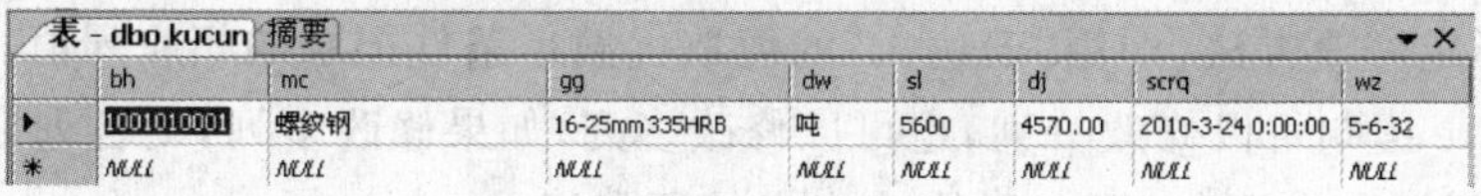

bh	mc	gg	dw	sl	dj	scrq	wz
1001010001	螺纹钢	16-25mm335HRB	吨	5600	4570.00	2010-3-24 0:00:00	5-6-32
NULL	NULL	NULL	NULL	NULL	NULL	NULL	NULL

图 6-2　插入一条记录

如果在插入记录时只需要插入某几个字段的内容,可以在插入语句中使用列名列表。但是对于有"非空值"约束的字段,插入时该字段不能省略;如果某字段可以是空值,或者设置了默认约束,该字段可以省略。

【例 6-3】　在 comp 数据库中向 yeji 表中插入一条记录:

ygid = 01020001
yj = 2300

由于对 rq 字段在 5.3.2 小节中设置了默认约束,当省略时该字段会使用系统当前日期,所以,可以使用如下插入语句。

```
insert into yeji (ygid,yj) values('01020001',2300)
```

但是,这时的字段列表不能省略。如果使用:

```
insert into yeji values('01020001',2300)
```

将报告如下错误:

消息 213,级别 16,状态 1,第 1 行
插入错误:列名或所提供值的数目与表定义不匹配。

这是因为相当于把 2300 作为 rq 字段的值,所以发生了错误。

正确的 SQL 语句执行后,yeji 表中的记录如图 6-3 所示。

图 6-3　省略 rq 字段时插入记录的结果

6.2.2　数据修改语句 update

1. update 语句基本格式

update　表名　set 列名 = 表达式 [,…] [where 条件]

update 语句用于修改指定表中记录的某些字段值。记录行由 where 子句选择,其中 set 子句用于指定修改方法,即用"表达式"的值取代满足条件记录的相应列值。

一个 update 语句可以修改一列,也可以修改多列,如果修改多列,则各列之间用逗号分隔。如果省略了 where 子句,则表示修改表中的所有记录。

2. SQL 中的表达式

表达式由常量、运算符、函数、表字段名等组成。

（1）常量

相当于数学中的常数,一般包括如下类型。

① 数值常量,例如：32,1564.35。

② 字符串常量,使用单引号括起的汉字、字符、数字。例如'马原','sdf','253',但是不能使用双引号,也不能使用汉字状态下的单引号。

③ 日期常量,使用非汉字单引号括起年月日,可以是'年-月-日','月-日-年','月/日/年'。例如,2010 年 7 月 15 日可以写成'7-15-2010','7/15/2010','2010-7-15'和'2010/7/15'。

（2）运算符

SQL 中常用的运算符有如下几种。

① 算术运算符：＋、－、＊、/(加、减、乘、除)。

② 字符串运算符：＋(字符串连接)。

③ 逻辑运算符：and、or、not(与、或、非)。

（3）函数

SQL 中常用的函数有如下几种。

① 数学函数

abs(数字表达式)	; 取数字表达式的绝对值
round(数字表达式,小数位)	; 对数字表达式按指定小数位四舍五入
rand( )	; 产生 0~1 之间的随机数
pi( )	; 产生数学 π 常量

② 字符串函数

str(数字表达式)	; 将数字转换成字符串
lower(串表达式)	; 将字符串字符转换成小写
upper(串表达式)	; 将字符串字符转换成大写
ltrim(串表达式)	; 删除字符串前面的空格
rtrim(串表达式)	; 删除字符串后面的空格
left(串表达式,n)	; 截取字符串前面的 n 个字符
right(串表达式,n)	; 截取字符串后面的 n 个字符

```
substring(串,n,m)                      ;从字符串第 n 个字符开始,截取长度为 m 的字符串
len(串表达式)                          ;取得字符串的字符个数(长度)
replace(串 1,串 2,串 3)                ;用串 3 替换串 1 中的串 2
```

③ 日期函数

```
year(日期)                            ;取得日期中的年
month(日期)                           ;取得日期中的月
day(日期)                             ;取得日期中的日
getdate( )                           ;取得系统日期、时间
```

④ 数据类型转换函数

convert(目的类型[(长度)],转换对象表达式[,style])

style 一般在将日期型转换为字符型时使用。常用的有如下几种形式。

```
101          ;显示形式为 mm/dd/yyyy
102          ;显示形式为 yyyy.mm.dd
110          ;显示形式为 mm - dd - yyyy
111          ;显示形式为 yyyy/mm/dd
120          ;显示形式为 yyyy - mm - dd
108          ;显示形式为 hh:mm:ss
```

其中,yyyy 表示 4 位数字的年份;mm 表示 2 位数字的月份;dd 表示 2 位数字的日期;hh
表示 2 位数字的小时;mm 表示 2 位数字的分钟;ss 表示 2 位数字的秒。

（4）表字段名

表字段名是表中当前记录该字段的值。

【例 6-4】 storage 数据库 kucun 表中的数据记录如图 6-4 所示。

bh	mc	gg	dw	sl	dj	scrq	wz
1001010001	螺纹钢	16-25mmHRB335	吨	5600	4570.00	2010-3-24 0:00:00	5-6-32
5003060104	大豆	NULL	千克	20000	3.24	NULL	6-2-13
7002030208	白砂糖	25千克/装	千克	3500	5.60	2010-2-12 0:00:00	3-12-21
NULL	NULL	NULL	NULL	NULL	NULL	NULL	NULL

图 6-4　kucun 表中的数据记录

如果给该表增加一个字段"产地":cd,nchar(20),允许空值,将 cd 字段的内容统一设置
成字符串常量"中国",可以使用如下 SQL 语句。

```
update kucun set cd = '中国'
```

由于在语句中没有使用 where 字句,所以是对表内所有记录 cd 字段的修改。执行后
kucun 表中的数据记录如图 6-5 所示。

bh	mc	gg	dw	sl	dj	scrq	wz	cd
1001010001	螺纹钢	16-25mmHRB335	吨	5600	4570	2010-3-24...	5-6-32	中国 ...
5003060104	大豆	NULL	千克	20000	3.24	NULL	6-2-13	中国 ...
7002030208	白砂糖	25千克/装	千克	3500	5.6	2010-2-12...	3-12-21	中国 ...
NULL	NULL	NULL	NULL	NULL	NULL	NULL	NULL	NULL

图 6-5　修改后 kucun 表中的数据记录

如果使用如下 SQL 语句。

update kucun set cd = mc

则将使 cd 字段的内容与 mc 字段的内容相同。这是因为当执行 update 语句时，系统将从数据表中第 1 条记录开始逐条记录进行修改。当修改第 1 条记录时，当前记录中 mc 字段的值是"螺纹钢"，所以第 1 条记录的 cd 字段值被修改成"螺纹钢"；当修改第 2 条记录时，当前记录中 mc 字段的值是"大豆"，所以第 1 条记录的 cd 字段值被修改成"大豆"。所以最终结果是修改后 cd 字段的内容和 mc 字段的内容完全相同。这条语句可以理解成使用 mc 字段的内容修改 cd 字段。SQL 语句的执行结果如图 6-6 所示。

bh	mc	gg	dw	sl	dj	scrq	wz	cd
1001010001	螺纹钢	16-25mmHRB335	吨	5600	4570	2010-3-24 0:00:00	5-6-32	螺纹钢
5003060104	大豆	NULL	千克	20000	3.24	NULL	6-2-13	大豆
7002030208	白砂糖	25千克/袋	千克	3500	5.6	2010-2-12 0:00:00	3-12-21	白砂糖
*	NULL	NULL	NULL	NULL	NULL	NULL	NULL	NULL

图 6-6　cd 字段的内容使用 mc 字段修改后的结果

如果希望在 mc 字段内容前面都加上"中国"，可以使用如下 SQL 语句。

update kucun set mc = '中国' + mc

执行后的结果如图 6-7 所示。

bh	mc	gg	dw	sl	dj	scrq	wz	cd
1001010001	中国螺纹钢	16-25mmHRB335	吨	5600	4570	2010-3-24 0:00:00	5-6-32	螺纹钢
5003060104	中国大豆	NULL	千克	20000	3.24	NULL	6-2-13	大豆
7002030208	中国白砂糖	25千克/袋	千克	3500	5.6	2010-2-12 0:00:00	3-12-21	白砂糖
*	NULL	NULL	NULL	NULL	NULL	NULL	NULL	NULL

图 6-7　在 mc 字段内容前面都加上"中国"

但是，如果是在 mc 字段内容的后面加上中国，则应该使用如下 SQL 语句。

update kucun set mc = rtrim(mc) + '中国'

否则系统会提示内容超过了字段定义的长度。这是因为虽然字段的内容没有达到设置的最大长度，但是其中的空格也占用了空间，所以需要使用 rtrim() 函数将原内容后面的空格去掉。

如果需要将 dj 提高 10%，可以使用如下 SQL 语句。

update kucun set dj = round(dj * 1.1,2)

round() 函数用于将结果按照两位小数四舍五入。SQL 语句执行结果如图 6-8 所示。

bh	mc	gg	dw	sl	dj	scrq	wz	cd
1001010001	中国螺纹钢	16-25mmHRB335	吨	5600	5027	2010-3-24 0:00:00	5-6-32	螺纹钢
5003060104	中国大豆	NULL	千克	20000	3.56	NULL	6-2-13	大豆
7002030208	中国白砂糖	25千克/袋	千克	3500	6.16	2010-2-12 0:00:00	3-12-21	白砂糖
*	NULL	NULL	NULL	NULL	NULL	NULL	NULL	NULL

图 6-8　将 dj 提高 10%

3. where 子句

不使用 where 子句时,update 语句将修改表中的所有记录。如果需要修改表中特定的记录,就必须使用 where 子句。where 子句的格式如下:

```
where 条件表达式
```

条件表达式是一种逻辑表达式,条件表达式的结果只有两个:真(true)、假(false)。当使用 where 子句时,update 语句只修改表中满足条件(条件表达式的值为真)的记录。

在条件表达式中常用的运算符除了逻辑运算符 and、or、not 之外还有如下几种。

(1) 比较运算符

=、>、<、>=、<=、<>分别是等于、大于、小于、大于等于、小于等于和不等于运算符。

(2) 范围运算符

```
between n and m            ;在 n 到 m 之间
```

(3) 列表运算符

```
in (值 1, 值 2, 值 3, …)       ;在列表内的
```

(4) 空值判断

```
is null                    ;如果字段值为空
```

(5) 包含运算符

```
like 通配符表达式
```

SQL 语句中使用的通配符有如下几个。

① %,表示 0～n 个任意字符,例如:

```
like '马%'                  ;以"马"开始的字符串
```

② _,表示任意一个字符,例如:

```
like '李_'                  ;即李×
```

③ [ ],[ ]内列出的任意字符,例如:

```
like '[马,李]%'             ;以"马"或"李"开始的字符串
```

④ [^],不包含[ ]内列出的字符,例如:

```
like '马[^兰,玉]% '          ;以"马"开始但第 2 个字不是"兰"和"玉"的字符串
```

对于复杂的表达式,可以使用()进行分组。在对字符型数据进行比较运算时,为了对 nchar、nvarchar、ntext 类型数据强调按 Unicode 编码进行比较,可以在字符常量前面加上字母 N,例如:

```
where xb = N'女'
```

但在一般情况下不需要使用“＝N'字符串'”，直接使用“＝'字符串'”即可。

【例 6-5】 将 kucun 表中大豆的规格修改为“100 千克/袋”。

SQL 语句为：

```
update kucun set gg = '100 千克/袋' where bh = '5003060104'
```

执行后的结果如图 6-9 所示。

表 - dbo.kucun | TGL-HOME.storage - SQLQuery2.sql* | 摘要

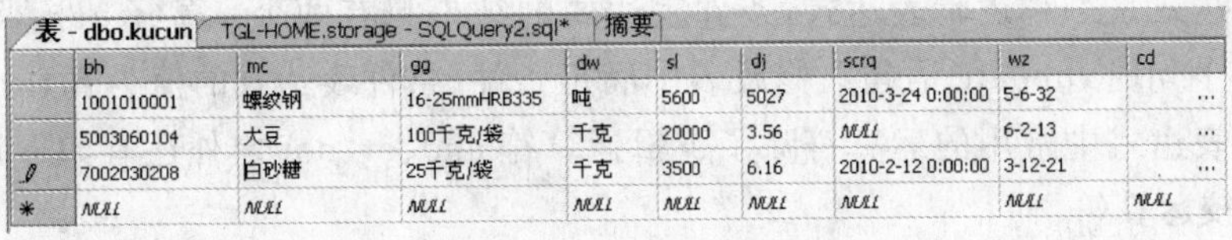

	bh	mc	gg	dw	sl	dj	scrq	wz	cd
	1001010001	螺纹钢	16-25mmHRB335	吨	5600	5027	2010-3-24 0:00:00	5-6-32	...
	5003060104	大豆	100千克/袋	千克	20000	3.56	NULL	6-2-13	...
	7002030208	白砂糖	25千克/袋	千克	3500	6.16	2010-2-12 0:00:00	3-12-21	...
*	NULL	NULL	NULL	NULL	NULL	NULL	NULL	NULL	NULL

图 6-9　使用 where 子句修改

【例 6-6】 将 comp 数据库中 ygong 表中经理及经理助理的 jbgz 增加 300。

在 comp 数据库中，执行如下的 SQL 语句。

```
update ygong set jbgz = jbgz + 300 where zhiwu like '% 经理 %'
```

6.2.3　删除数据记录语句 delete

delete 语句用于删除表内符合条件的记录，一般格式如下：

```
delete 表名 [where 条件表达式]
```

虽然“where 条件表达式”可以省略，但是如果省略 where 子句，将会删除表中所有的记录，所以在使用没有 where 子句的 delete 语句时应该慎重。

6.3　基本数据查询

在数据库应用中，检索、统计或组织输出是最频繁的工作。检索也称为查询，是指从服务器数据库中，根据用户要求查找出所需要的数据，并将结果集返回给用户的过程。

检索、统计或输出都是使用 select 语句实现的。select 语句是所有 SQL 语句中使用频率最高、语法最复杂、用法最灵活、功能最强大的 SQL 语句。

6.3.1　数据查询语句 select

1. 最基本的 select 语句

最基本的 select 语句格式如下：

```
select
        结果列表
from 表名
```

功能：从指定的数据表中查询指定字段的内容。其中"结果列表"是使用非汉字逗号隔开的字段名列表，排列顺序与表内字段顺序无关；如果查询结果为表内所有字段，结果列表可以使用 * 号表示。

【**例 6-7**】　查询 kucun 表内的 mc、gg、dw、dj、sl。

在 SQL Server Management Studio 中使用如下 SQL 语句。

```
select mc,gg,dw,dj,sl from kucun
```

执行后输出的查询结果如图 6-10 所示。

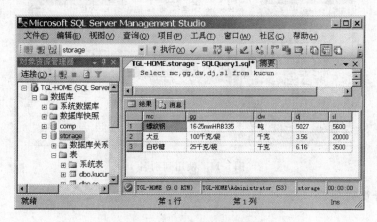

图 6-10　例 6-7 的查询结果

2. 输出选择

在 select 语句中可以选择输出的记录数量，格式为：

```
select [输出选择] 结果列表 from 表名
```

"输出选择"可以使用如下几项中的一项。

（1）all：显示所有记录（默认值）。

（2）distinct：无重复记录的显示方式。

（3）top n：显示结果的前 n 行。

（4）top n percent：显示结果的前 n％行。

3. 使用列别名

在默认情况下，返回结果中的列标题与字段名相同。在字段名使用字母时，可以通过定义列别名改变列的显示标题，定义列别名的格式如下：

```
select
    列名 as 列别名, 列名 as 列别名[,…]
from 表名
```

其中，as 可以省略，即可以写成"列名 列别名，……"。如果别名中包含空格，别名需要使用非汉字单引号括起来，如：

```
xm as '姓　名'
```

否则会出现语法错误。

例如在例 6-7 中将 SQL 语句修改为：

```
select mc as 名称,gg as 规格,dw as 单位,dj as 单价,sl as 数量 from kucun
```

执行后输出的查询结果如图 6-11 所示。

图 6-11 使用列别名

4．使用计算列

在查询结果列表中除了表中的字段之外，还可以通过对字段值的计算产生新的输出列。计算得到的输出列名可以使用如下两种方法给出。

（1）计算列名＝表达式

（2）表达式 计算列名

【例 6-8】 在 storage 数据库 kucun 表中查询货物的名称、规格、单位、单价、数量及各种货物的价值。

货物的名称、规格、单位、单价、数量都可以从表内直接查询得到，但是货物的价值需要使用货物的单价×数量得到，所以查询语句为：

```
select mc as 名称,gg as 规格,dw as 单位,
    dj as 单价,sl as 数量,价值 = dj * sl
from kucun
```

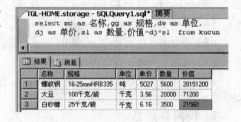

图 6-12 使用计算列

SQL 语句及执行结果如图 6-12 所示。

5．使用聚合函数

聚合函数是 SQL 语言中对表中的列进行计算的函数，常用的有如下几个。

（1）avg（数值列名）：计算该列的平均值。

（2）sum（数值列名）：计算该列的总和。

（3）max（数值列名）：计算该列的最大值。

（4）min（数值列名）：计算该列的最小值。

（5）count（＊）：统计表内记录数。

【**例 6-9**】 利用 comp 数据库中的 ygong 表统计员工总数、工资总额、平均工资、最高工资和最低工资。

SQL 查询语句如下：

```
select
        员工总数 = count( * ),
        工资总额 = sum(jbgz),
        平均工资 = avg(jbgz),
        最高工资 = max(jbgz),
        最低工资 = min(jbgz)
from ygong
```

执行结果如图 6-13 所示。

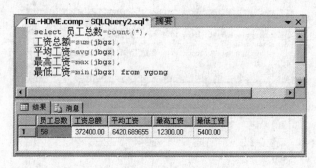

图 6-13　使用聚合函数

6．使用函数

在输出列中，也可以使用函数对字段值进行计算。

【**例 6-10**】 在 comp 数据库的 ygong 表中查询前 5 个员工的姓名、性别、出生日期、职务和参加工作年份。

SQL 语句如下：

```
select  top 5
        xm as 姓名,xb as 性别,csrq as 出生日期,
        zhiwu as 职务,year(cjgz) 参加工作年份
from ygong
```

执行结果如图 6-14 所示。

图 6-14　使用 year()函数

在 SQL Server 中,日期型数据中包括时间,如果希望在输出中只显示年、月、日,可以使用 convert 数据类型转换函数。

【例 6-11】 在 comp 数据库的 ygong 表中查询前 5 个员工的姓名、性别、出生日期、职务和参加工作日期,出生日期和参加工作时间只显示年、月、日。

SQL 语句如下:

```
select  top 5
        xm as 姓名,xb as 性别,convert(nchar(10),csrq,102) as 出生日期,
        zhiwu as 职务,convert(nchar(10),cjgz,111) 参加工作日期
from ygong
```

执行结果如图 6-15 所示。

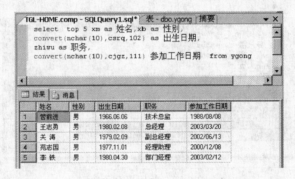

图 6-15　使用 convert() 函数

由于在 convert() 函数中使用了两种 style,所以出生日期和参加工作日期显示的格式不一样。

7. 使用 into 子句

在 select 语句中使用"into 新表名",可以创建一个新表,并将查询的结果保存到新表中。

例如在例 6-8 中将 SQL 语句修改为:

```
select
        bh as 编号,mc as 名称,gg as 规格,dw as 单位,
        dj as 单价,sl as 数量,价值 = dj * sl
into stock
from kucun
```

执行后,在 storage 数据库中增加了一个新表 stock,打开该表,内容如图 6-16 所示。

6.3.2　条件查询

在 select 查询语句中加入"where 条件表达式"可以实现条件查询。"where 条件表达式"一般需要紧跟在 from 子句之后。

【例 6-12】 在 comp 数据库的 ygong 表中查询 2001 年之前参加工作的员工姓名、性

图 6-16　生成的新表

别、出生日期、职务、职称和参加工作日期。

SQL 语句如下：

```
select
    xm as 姓名,xb as 性别,convert(nchar(10),csrq,102) as 出生日期,
    zhiwu as 职务,zhicheng as 职称,convert(nchar(10),cjgz,102) 参加工作日期
from ygong
where year(cjgz)< 2001
```

在条件表达式中使用 year()函数取出了 cjgz 字段的年份，执行结果如图 6-17 所示。

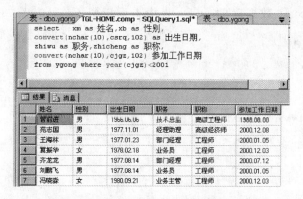

图 6-17　2001 年之前参加工作的员工

【例 6-13】　在 comp 数据库 ygong 表中查询所有女性部门经理或业务主管的姓名、性别、出生日期、职务、职称和参加工作日期。

SQL 语句如下：

```
select
    xm as 姓名,xb as 性别,convert(nchar(10),csrq,102) as 出生日期,
    zhiwu as 职务,zhicheng as 职称,convert(nchar(10),cjgz,102) 参加工作日期
from ygong
where zhiwu in('部门经理','业务主管') and xb = '女'
```

在该 SQL 语句中使用 and 运算符连接两个条件构成了逻辑表达式，只有两个条件都满足时结果才为真。in()函数表示只要 zhiwu 字段的内容是部门经理或者是业务主管就满足该条件。执行结果如图 6-18 所示。

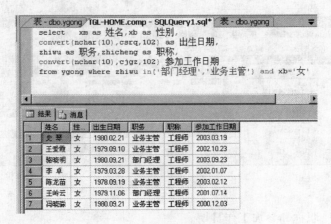

图 6-18　女性部门经理或业务主管

【**例 6-14**】　在 comp 数据库的 ygong 表中查询所有姓王或姓李的员工信息。

SQL 语句如下：

```
select *
from ygong
where xm like('[王,李]%')
```

【**例 6-15**】　在 comp 数据库的 ygong 表中查询工资不在 5000～8000 元之间的员工信息。

SQL 语句如下：

```
select *
from ygong
where jbgz not between 5000 and 8000
```

6.3.3　分组统计

1. group By 子句

在 select 语句中，使用"group by 分组表达式"可以实现分组统计。group by 子句一般和聚合函数一起使用实现统计功能。在"结果列表"中除了聚合函数产生的统计列之外，只能有分组表达式产生的字段。

【**例 6-16**】　在 comp 数据库的 yeji 表中按营业部统计业绩。

根据 4.3.2 小节数据库的设计知道，yeji 表中 ygid 字段的编码前两位是公司编码，3、4 位是营业部编码，后 4 位是营业部内员工序号。在 yeji 表中要按营业部统计业绩，可以按 ygid 编码的前 4 位分组统计。SQL 语句如下：

```
select
        left(ygid,4) 营业部编号,sum(yj) 营业部总业绩
from yeji
group by left(ygid,4)
```

执行结果如图 6-19 所示。

在 SQL 语句中使用了 left(ygid,4)，从 ygid 字段中取出前 4 位编码。如果统计每个员工的总业绩,可以使用如下 SQL 语句。

```
select
    ygid 员工编号,sum(yj) 总业绩
from yeji
group by ygid
```

2. having 子句

having 子句用于分组统计中对统计结果的筛选。having 子句格式如下：

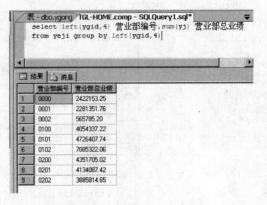

图 6-19 按营业部统计业绩

group by 分组表达式 having 条件表达式

例如,查询总业绩超过 200 万元的员工,可以使用如下 SQL 语句。

```
select
    ygid 员工编号,sum(yj) 总业绩
from yeji
group by ygid
having sum(yj)>2000000
```

在查询的结果中只会出现总业绩大于 200 万元的员工编号和总业绩。

6.3.4 查询结果输出排序

在 select 语句中使用 order by 子句可以实现查询结果按某种要求排序输出。order by 子句的格式如下：

order by 列表达式[asc|desc][,列表达式[asc|desc]…]

列表达式可以是字段名,也可以是计算列。asc 表示升序；desc 表示降序。默认值是升序。排序的列表达式可以是多个。

【例 6-17】 在 comp 数据库的 yeji 表中统计员工总业绩。输出按"总业绩"降序排序。总业绩相同的按"员工编号"升序排序。

SQL 语句如下：

```
select
    ygid 员工编号,sum(yj) 总业绩
from yeji
group by ygid
order by sum(yj) desc, ygid
```

执行结果如图 6-20 所示。

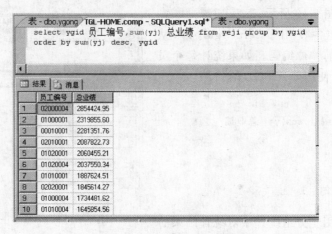

图 6-20 查询结果输出排序

6.4 高级数据查询

6.4.1 连接查询

前面的查询都是针对一个表进行的,也称为单表查询。在实际应用中,常常需要使用多个表才能查询到所需数据。这种同时涉及两个及多个表的查询称为连接查询。

连接查询是关系型数据库中最主要的查询。

在使用多个表进行连接查询时需要注意如下几点。

(1)多个表的连接实际上是多个表之间两两连接,两个表应该是相关的,也就是说两个表必须有相同含义的列才能连接,连接的列名称可以相同也可以不同,但两个列的数据类型必须是可比的。

(2)指定了连接条件的连接其结果才会有意义。两个表连接需要指定一个连接条件,多个表连接需要指定(表个数—1)个连接条件。

(3)在连接条件中除了可以使用=运算符之外,还可以使用其他的运算符,如>、<等,分别称为等值连接与非等值连接。

(4)如果多个表中有相同的列,列名前必须加"表名."作为前缀,以示区分。

(5)使用表别名可以简化连接查询语句,但需要注意的是,如果表定义了别名,则在select 子句中作为列名前缀的表名必须使用别名。

1. 内部连接查询

在 select 语句中实现内部连接查询的简单语句格式如下:

```
select
     结果列表
from   表名 1  [表别名],表名 2   [表别名]
where   连接条件
```

【例 6-18】 在 comp 数据库中查询所有员工的员工编号、姓名、性别、所在部门、部门主管、职务、职称、联系电话信息。

分析：在进行数据库设计时为了减少数据冗余,在"员工信息"表中没有添加部门信息,但是在员工编码信息中包含部门信息,所以可以通过 ygong 表和 bminfo 表连接查询得到,查询语句如下：

```
select
    ygid as 员工编号,xm as 姓名,xb as 性别,bmmc as 所在部门,
    bmzg as 部门主管,zhiwu as 职务,zhicheng 职称,dh 联系电话
from ygong,bminfo
where left(ygid,4) = bmid
```

查询语句结果列表中包含两个表的字段。由于没有相同的字段名,所以在字段名前面没有使用表别名。两个表连接的条件是 left(ygid,4)＝bmid,当 ygid 编码的前 4 位和 bmid 编码相等时,两条记录就会连接起来组成一条查询记录。查询语句执行结果如图 6-21 所示。

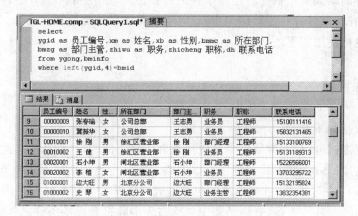

图 6-21 两个表连接查询

【例 6-19】 在 comp 数据库中查询员工业绩信息,包括员工编号、姓名、性别、所在部门、报告日期和业绩。

分析：员工编号、姓名、性别在 ygong 表中,部门信息在 bminfo 表中,报告日期和业绩在 yeji 表中,所以需要将 3 个表连接起来进行查询。查询语句如下：

```
select
    a.ygid as 员工编号,xm as 姓名,xb as 性别,bmmc as 所在部门,
    convert(nchar(10),rq,102) 报告日期,yj 业绩
from ygong a,bminfo,yeji b
where left(a.ygid,4) = bmid and a.ygid = b.ygid
```

由于 ygong 表和 yeji 表中都有 ygid 字段,所以这两个表使用了别名 a 和 b。连接条件使用了 left(a.ygid,4)＝bmid and a.ygid＝b.ygid,当 a.ygid＝b.ygid 时,再从 bminfo 表中查找 left(a.ygid,4)＝bmid 的记录,3 个表中的记录组成一条新的记录。查询语句执行结果如图 6-22 所示。

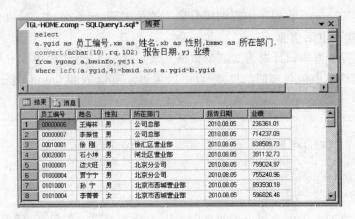

图 6-22 3个表连接查询

2．外部连接查询

内部连接查询结果只包括符合连接条件的行。但是在有些情况下，不管是否符合连接条件，都希望所有行被包含在连接结果中，这时就需要使用外部连接查询。

连接查询也可使用如下语法格式：

```
select
        结果列表
from    表1 ［连接类型］Join  表2  On 连接条件
```

其中连接类型包括如下几种。

（1）内部连接：inner，查询结果中只包括符合连接条件的行（默认连接类型）。

（2）外部连接：outer，outer 关键字可以省略。外部连接包括如下 3 种类型。

① left outer：左外连接，查询结果中包括左表中除符合连接条件之外的行。

② right outer：右外连接，查询结果中包括右表中除符合连接条件之外的行。

③ full outer：全外连接，查询结果中包括两个表中除符合连接条件之外的行。

（3）交叉连接：cross，查询结果中包括两个表中所有记录的两两组合，一般不使用。

【例 6-20】 在 comp 数据库中查询所有员工的员工编号、姓名、性别、报告日期和业绩信息，包括没有业绩的报告信息。

分析：员工编号、姓名、性别、报告日期和业绩都可以在 ygong 表和 yeji 表中查得，但是，要包括没有业绩的报告信息必须使用外部连接才能够完成。查询语句如下：

```
select
    a.ygid as 员工编号,xm as 姓名,xb as 性别,
    convert(nchar(10),rq,102) 报告日期,yj 业绩
from ygong a left join yeji b on a.ygid = b.ygid
```

在查询语句中使用了 ygong a left join yeji b，即 ygong 表左外连接到 yeji 表，ygong 表内的每条记录都会和 yeji 表中 a. ygid＝b. ygid 的行合并生成一条新的记录。但是当 yeji 表中没有和 a. ygid＝b. ygid 对应的行时，"报告日期"和"业绩"字段将使用 NULL(空)。查询语句执行结果如图 6-23 所示。

左、右连接是相对而言的，如果 ygong 表和 yeji 表互换了位置，就应该使用右连接，

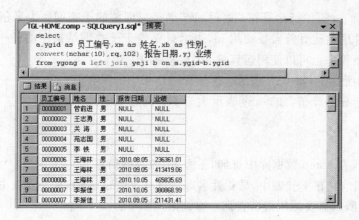

图 6-23　左外连接查询

例如：

select
　　a.ygid as 员工编号,xm as 姓名,xb as 性别,
　　convert(nchar(10),rq,102) 报告日期,yj 业绩
from yeji b right join ygong a on a.ygid = b.ygid

如果使用全外连接查询，则除了匹配连接条件的行以外，结果中还会包括两个表中不匹配连接条件的其他行。

6.4.2　嵌套查询

嵌套查询是在 select 语句的子句或结果列表中再使用 select 语句，这样的子句可以是 where 子句、having 或 from 子句，一般是在 where 子句中，嵌套的 select 语句又称为子查询。

嵌套查询常见的形式如下：

select
　　　　结果列表
from 表名
where 表达式 运算符(
　　　　　　select
　　　　　　　　结果列表
　　　　　　from 表名
　　　　　　where 条件表达式)

说明：

（1）子查询必须使用()括起来。子查询又称为内层查询。外层称为主查询。

（2）执行过程：首先执行子查询(只执行一次)，其结果不显示，然后将子查询的结果作为主查询的条件使用，再执行主查询并显示查询结果。查询结果只能是主查询结果列中的字段。

（3）只返回一行值的子查询称为单值嵌套，单值嵌套条件中的运算符可以使用=、>、

$<$、$\rangle=$、$<=$、$<>$等单行运算符;而返回结果是一列值的子查询称为多值嵌套查询。多值嵌套查询条件中的运算符需要使用 in,表示只要等于子查询结果中的任一个值即可;在多值嵌套查询条件中也可以使用运算符 all、any,其中:

- all 表示所有值,如$<$all 表示小于子查询结果中的所有值。
- any 表示任一个值,如$>$any 表示大于子查询结果中的任一个值。

1. 单值嵌套

【例 6-21】 在 comp 数据库中查询"王秀敏"的业绩信息。

分析:业绩信息在 yeji 表中,员工姓名等信息在 ygong 表中,在 yeji 表中不能使用姓名作为查询条件,所以需要使用嵌套查询。查询语句如下:

```
select
        ygid as 员工编号,'王秀敏' 姓名,
        convert(nchar(10),rq,102) 报告日期,yj 业绩
from yeji
where ygid = (
            select
                ygid
            from ygong
            where xm = '王秀敏')
```

由于输出信息中没有姓名,加入了一列字符串常量列。执行结果如图 6-24 所示。

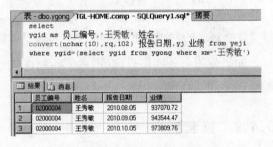

图 6-24 单值嵌套

2. 多值嵌套

在例 6-21 中,将查询的人员姓名改为"段彩霞"时,查询结果报错,如图 6-25(a)所示。再查询一下"段彩霞"的详细信息,查询结果如图 6-25(b)所示。结果表明在北京市西城营业部和成都市青羊营业部都有姓名为段彩霞的员工。

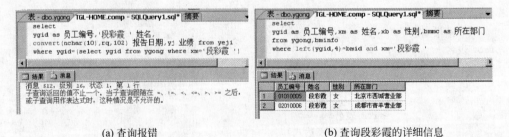

(a) 查询报错   (b) 查询段彩霞的详细信息

图 6-25 查询结果不止一个

如果希望查询北京市西城营业部段彩霞的业绩信息,可以使用 3 层的嵌套查询,查询语句如下:

```
select
    ygid as 员工编号,'段彩霞' 姓名,
```

```
        convert(nchar(10),rq,102) 报告日期,yj 业绩
from yeji
where ygid = (
                select
                        ygid
                from ygong
                where xm = '段彩霞' and left(ygid,4) = (
                                                select
                                                        bmid
                                                from bminfo
                                                where bmmc = '北京市西城营业部'))
```

查询结果如图 6-26 所示。如果希望查询所有姓名为"段彩霞"的业绩信息,即多值嵌套查询,查询语句如下:

```
select
        ygid as 员工编号,'段彩霞' 姓名,
        convert(nchar(10),rq,102) 报告日期,yj 业绩
from yeji
where ygid = any((
                select
                        ygid
                from ygong
                where xm = '段彩霞'))
order by ygid
```

由于查询的结果为多值,所以在子查询结果前面使用了运算符 any,即结果中的任何一个。查询结果如图 6-27 所示。

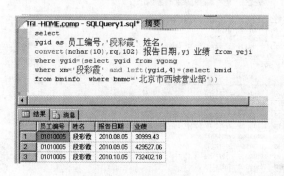

图 6-26　3 层嵌套查询

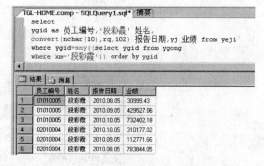

图 6-27　多值嵌套查询

如果使用下面的查询语句,查询结果是一样的。

```
select
        ygid as 员工编号,'段彩霞' 姓名,
        convert(nchar(10),rq,102) 报告日期,yj 业绩
from yeji
where ygid in((
                select
                        ygid
                from ygong
```

```
               where xm = '段彩霞'))
order by ygid
```

在这个查询语句中只是将 ygid＝any() 修改成了 ygid in()，其表示的意思相同。

3．在连接查询中使用嵌套查询

在图 6-27 中如果能够显示员工的部门信息就更加直观，但是需要使用两个表的信息，即需要进行连接查询。在连接查询中使用嵌套查询的查询语句如下：

```
select
        ygid as 员工编号,'段彩霞' 姓名,bmmc 部门名称,
        convert(nchar(10),rq,102) 报告日期,yj 业绩
from yeji a join (
            select
                    bmmc,bmid
            from bminfo) b
            on left(ygid,4) = b.bmid
where ygid in((
        select
                ygid
        from ygong
        where xm = '段彩霞'))
order by ygid
```

这里在 from 子句中连接的表是使用子查询得到的中间结果。在 from 子句中使用子查询时连接的两个表必须使用别名(这里是 a 和 b)，查询结果如图 6-28 所示。

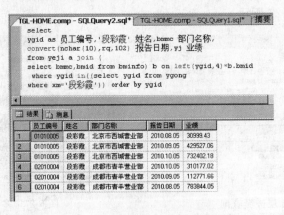

图 6-28　在连接查询中使用嵌套查询

4．相关子查询

在嵌套查询中都是先执行子查询得到一个结果集，然后再依次执行主查询。这类子查询的执行不依赖于主查询，称做非相关子查询。

相关子查询中子查询的执行与主查询相关，具体执行过程为：首先执行主查询，主查询中的一行数据就会引起子查询执行一次，在子查询执行过程中要引用主查询当前行中某列的值，子查询返回结果后再去确定主查询关于当前这一行的执行结果。按照上述过程依次

处理主查询的第 1 行、第 2 行……直到处理完主查询的所有行为止。相关子查询会占用较多的主机时间,在一般情况下不要使用。

在相关子查询中一般使用 exists 引出子查询。exists 用于测试子查询的结果是否存在,如果子查询结果不为空,则 exists 逻辑值为真。

【例 6-22】 在 comp 数据库中查询没有业绩记录的员工编号、姓名、职务。

分析:没有业绩记录的员工信息即 yeji 表中不存在该员工记录的员工信息。查询的思路是从 ygong 表中取出一个员工的信息,到 yeji 表中查找是否有该员工的业绩记录,如果没有,该员工信息应该在输出记录中出现。查询语句如下:

```
select
    ygid as 员工编号,xm 姓名,zhiwu 职务
from ygong
where not exists (
            select
                yj
            from yeji
            where ygong.ygid = yeji.ygid)
```

not exists 表示查找不到满足条件的记录。

```
select
    yj
from yeji
```

可以写成:

```
select * from yeji
```

因为查找不到满足条件的记录时,结果都是空的。相关子查询的执行结果如图 6-29 所示。

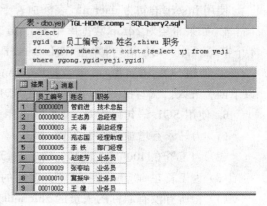

图 6-29 相关子查询

6.5 小 结

本章介绍了 SQL 语句的种类以及 DDL 语句、DML 语句的基本用法。主要介绍了数据操纵语句 insert、update、delete 语句的用法。重点介绍了 select 语句的使用方法,包括基本查询、条件查询、连接查询、嵌套查询和相关子查询。SQL 语句是数据库应用的基础,掌握 SQL 语句的技巧就是在数据库系统中多进行实际练习。

6.6 上 机 习 题

1. 示例模拟公司新录用两个员工,员工基本情况如下:

马翠芬,女,1987 年 6 月 18 日出生,联系电话:13511156385。被聘任到成都分公司青羊营业部做业务员。基本工资 4200 元。

胡俊,男,1976 年 5 月 2 日出生,高级经济师,联系电话:13323158269。被聘任到北京

分公司西城营业部做部门经理。基本工资 6500 元。

使用 SQL 语句将这两名新员工信息添加到 comp 数据库的 ygong 表中,参加工作时间使用系统日期(getdate())。

2. 使用如下 SQL 语句向 comp 数据库的 yeji 表中添加记录,结果系统报告错误,试分析是什么原因并修改该 SQL 语句。

```
insert into yeji value('01020012','2010-10-6','4500')
```

3. 在 comp 数据库中创建一个 userinfo 表,表结构如下。

用户编号:ygid,nchar(8),不允许空,外键—主键为 yong 表的 ygid 字段。

密码:yhpass,nchar(6),允许空。

用户类别:yhflag,nchar(1),不允许空。

将 ygid 字段与 ygong 数据表中的 ygid 字段建立外键关系。用户类别字段内容为 1 位数字编码,其中,"1"表示普通用户;"2"表示管理员用户。

使用 insert 语句为 userinfo 表添加若干用户。

4. 如果希望对 comp 数据库中 bminfo 表的 bmmc 字段内容的前面都加上"新源公司" 4 个字,试写出 SQL 语句,并在 SQL Server Management Studio 中调试。

5. 使用 SQL 语句为 comp 数据库 ygong 表中所有员工的基本工资增加 3.5%,1000 元以下四舍五入。试写出 SQL 语句,并在 SQL Server Management Studio 中调试。

6. 使用 SQL 语句完成对 comp 数据库 ygong 表中基本工资内容的修改。

(1) 为马翠芬增加 800 元工资。

(2) 为工资在 4000 元以下(包括 4000 元)的员工增加工资 200 元。

(3) 为工资在 4000 元到 6000 元之间的员工增加工资 400 元。

(4) 将所有没有职称的人员的 zhicheng 字段内容修改为"助理工程师"。

(5) 为所有职称为"工程师"、"经济师"、"高级经济师"的职工增加工资 500 元。

7. 使用 SQL 语句从 comp 数据库中输出员工编号、姓名、性别、职务、基本工资、奖金。其中奖金按基本工资的 5%计算。

8. 使用 SQL 语句从 comp 数据库中输出 2000 年参加工作的员工编号、姓名、性别、职务、参加工作时间。

9. 使用 SQL 语句从 comp 数据库中输出生日为今天的员工编号、姓名、性别、职务、联系电话。

10. 使用 SQL 语句从 comp 数据库中输出姓名中带"秀"或"霞"字的员工编号、姓名、性别、职务、联系电话。

11. 使用 SQL 语句从 comp 数据库中按员工性别统计输出人数、总工资、平均工资。

12. 在 comp 数据库中查询所有员工的员工编号、姓名、性别、所在部门、部门主管、联系电话。

13. 使用外部连接在 comp 数据库中查询员工王秀敏的全部业绩信息记录,包括员工编号、姓名、性别、部门、报告日期和业绩。

14. 在 comp 数据库中查询谢怀宝的业绩信息,输出员工编号、姓名、部门、报告日期和业绩。

第7章 视　图

视图是数据库中的一种"虚表"。所谓虚表是指不占用存储空间的表。视图是由 select 语句通过数据库的一个或多个数据表产生的一种数据结构,数据还保存在数据表中,而用户可以根据视图结构查询和修改数据。产生视图使用的数据表称为基表。

7.1　创　建　视　图

7.1.1　在 SQL Server Management Studio 中创建视图

在 SQL Server 中创建视图可以使用 SQL 语句,也可以在 SQL Server Management Studio 中创建视图。在 SQL Server Management Studio 中创建视图的操作如下。

1. 选择创建视图的数据库

在 SQL Server Management Studio"对象资源管理器"窗口中选择需要创建视图的数据库对象。例如选择示例数据库 comp。

2. 添加表

右击"数据库"对象中的"视图"对象,在弹出的快捷菜单中单击"新建视图"命令,打开"添加表"对话框,如图 7-1 所示。

例如希望创建的视图中包括员工编号、姓名、性别、所在部门、出生日期、参加工作时间、职务、职称、基本工资,那么该视图中

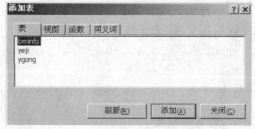

图 7-1　"添加表"对话框

就包含了 bminfo 和 ygong 表中的信息,所以在"添加表"对话框中选中 bminfo 表,单击"添加"按钮;再选中 ygong 表,单击"添加"按钮,将两个表添加到视图关系窗口中。最后关闭"添加表"对话框。

3. 创建视图窗口

SQL Server Management Studio 中的创建视图窗口如图 7-2 所示,主要包括如下 4 个区域。

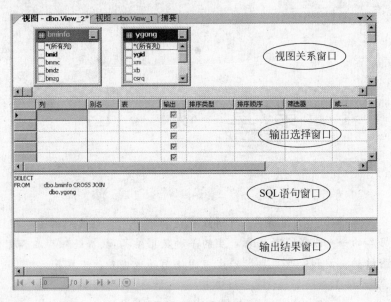

图 7-2 创建视图窗口

（1）视图关系窗口：显示或创建基表之间的连接关系。

（2）输出选择窗口：在视图关系窗口基表中选择的输出字段显示在该窗口中。在该窗口中可以设置视图字段的别名、排序类型、筛选条件。

（3）SQL 语句窗口：显示构建视图的 SQL 语句。

（4）输出结果窗口：显示视图的输出结果。

4. 选择视图字段

在视图关系窗口中有创建视图使用的表。选中表中字段名前面的复选框，该列就会进入输出选择窗口的"列"中。在输出选择窗口中"列"的排列顺序就是视图输出的列顺序。为了得到某种输出排列顺序，需要按照输出排列顺序选择两个表中的字段名。按照上述视图的字段顺序要求，选择视图字段的顺序如下。

ygong 表：ygid、xm、xb。

bminfo 表：bmmc。

ygong 表：csrq、cjgz、zhiwu、zhicheng、jbgz。

5. 设置列别名

为了便于阅读，在输出选择窗口中通过修改"别名"列的内容为各个输出列设置汉字列别名。

6. 选择输出排序

在输出选择窗口中相应列的"排序类型"列中可以设置按该字段内容排序的规则，即选择升序排序还是降序排序。

7. 选择筛选条件

在输出选择窗口中相应列的"筛选器"列中可以设置筛选条件，即查询语句中的 where

条件。例如在 xm 列的"筛选器"中输入"王秀敏",相当于：

where xm = '王秀敏'

如果还有"或"的筛选条件，可以在"或"列中输入。例如，在 xm 列的"筛选器"列中输入"王秀敏"，在"或"列中输入"段彩霞"，相当于：

where xm = '王秀敏' or xm = '段彩霞'

8. 设置连接关系

创建视图使用 select 语句，在创建视图的 select 语句中有两个表，所以必然要设置连接关系。如果不设置连接关系，系统的默认连接关系是外部交叉连接，其结果将产生一个很大的视图，视图中的记录个数将是两个表记录个数的乘积。连接关系可以在 SQL 语句窗口中设置，也可以在视图关系窗口中设置。

（1）在 SQL 语句窗口中设置连接关系

连接关系可以在 SQL 语句窗口中通过修改 SQL 语句设置。在视图关系窗口和输出选择窗口中的所有操作都会反映在 SQL 语句窗口的 SQL 语句中。在 SQL 语句窗口中修改 SQL 语句后，（执行后）同样会影响视图关系窗口和输出选择窗口中的状态。

例如，SQL 语句窗口中的 SQL 语句如下：

```
select top (100) percent
    dbo.ygong.ygid as 员工编号, dbo.ygong.xm as 姓名,
    dbo.ygong.xb as 性别, dbo.bminfo.bmmc as 所在部门,
    dbo.ygong.csrq as 出生日期, dbo.ygong.cjgz as 参加工作时间,
    dbo.ygong.zhiwu as 职务, dbo.ygong.zhicheng as 职称,
    dbo.ygong.jbgz as 基本工资
from    dbo.bminfo cross join    dbo.ygong
order by 员工编号
```

将 from   dbo.bminfo cross join   dbo.ygong 语句修改为：

```
from    dbo.bminfo inner join    dbo.ygong on bmid = left(ygid.4)
```

在 SQL 语句窗口中右击，在弹出的快捷菜单中选择"执行 SQL"命令，创建视图窗口中的内容如图 7-3 所示。

在视图关系窗口中两个表之间增加了一个表示内部连接的关系连线。视图输出结果显示在输出结果窗口中。

（2）在视图关系窗口中设置连接关系

① 删除表之间的连接关系。如果表之间有连接关系，右击关系连线，在弹出的快捷菜单中选择"移除"命令，就将表之间的连接关系删除了。

② 添加连接关系。如果连接条件是：

```
bmid = left(ygid,4)
```

首先选中 bminfo 表中的 bmid 字段，拖动鼠标到 ygong 表的 ygid 字段上，两个表之间就增加了内部连接关系，如图 7-4 所示。

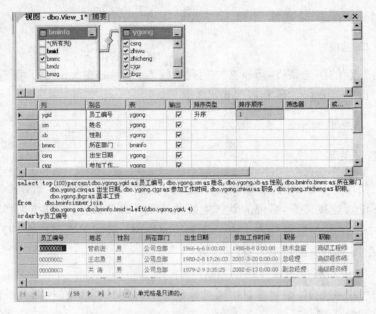

图 7-3　在 SQL 语句窗口中设置连接关系

如果 bmid 和 ygid 是等长的字段,连接语句如下:

```
dbo.bminfo inner join dbo.ygong on dbo.bminfo.bmid = dbo.ygong.ygid
```

那么连接关系已经设置完成。但是在本例中,bmid 是 4 位的字符编码,ygid 是 8 位的字符编码,连接条件需要使用 bmid＝left(ygid,4),所以只能在 SQL 语句窗口中对 SQL 语句进行修改,将上述连接语句修改成:

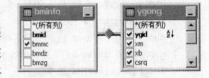

图 7-4　内部连接关系

```
dbo.bminfo inner join dbo.ygong on dbo.bminfo.bmid = left( dbo.ygong.ygid,4)
```

③ 如果需要设置外部连接,除了在上述连接语句中将 inner 修改为 left、right 或 full 之外,也可以右击连接关系线,在弹出的快捷菜单中选择"从 bminfo 中选择所有行"(左外连接)复选框或"从 ygong 中选择所有行"(右外连接)复选框,生成的左外连接和右外连接如图 7-5 所示。

(a) 左外连接　　　　　　　　　(b) 右外连接

图 7-5　左外连接和右外连接

如果左外连接和右外连接复选框都被选中,则生成外部全连接。

9. 保存视图

当视图结果达到了预期的目标后,需要将视图保存起来以便在应用中使用。单击创建视图窗口中的"关闭"按钮,出现"保存修改"的提示对话框,单击"是"按钮后,出现输入视图名称的提示对话框,在对话框中输入保存的视图名称,例如将创建的视图保存成 ygxx,单击"确定"按钮后,在 comp 数据库中的视图对象中就会出现名称是 ygxx 的视图。

保存视图之后,如果需要修改或删除视图,在"对象资源管理器"窗口中可以像对待表一样修改、删除视图。

7.1.2 使用 SQL 语句创建视图

在 SQL 语句中 create view 语句用于创建视图。简单格式如下:

```
create view
  as
  select 语句
```

【例 7-1】 使用 SQL 语句在 comp 数据库中创建视图 ygyj,视图中包括员工编号、姓名、性别、日期、业绩字段。

分析:该视图包括 comp 数据库中的 ygong 表和 yeji 表,两个表通过 ygid 字段建立内部连接即可。

操作:在 SQL Server Management Studio "对象资源管理器"窗口中右击 comp 数据库,在弹出的快捷菜单中选择"新建查询"命令,在文档窗口中输入如下 SQL 语句。

```
create view ygyj
as
select
        yeji.ygid as 员工编号,xm as 姓名,xb as 性别,
        convert(nchar(10),rq,120)as 日期,yj as 业绩
from yeji join ygong on yeji.ygid = ygong.ygid
order by yeji.ygid
```

执行 SQL 语句后在 comp 数据库对象的"视图"对象下就会看到创建的 ygyj 视图。右击 ygyj 视图,在弹出的快捷菜单中选择"打开视图"命令,结果如图 7-6 所示。

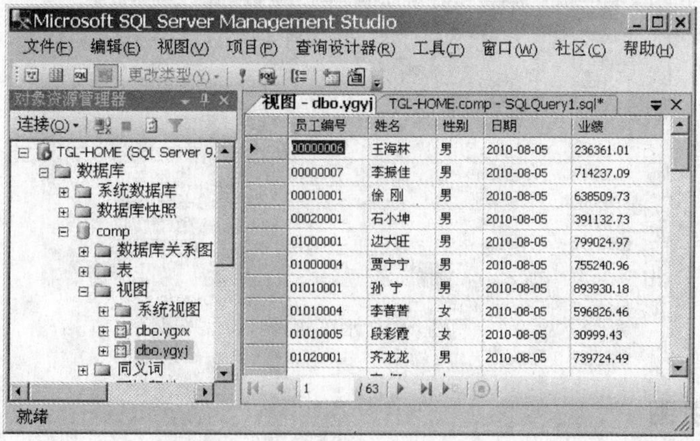

图 7-6 ygyj 视图

7.2 视图的简单应用

视图是一个不占用存储空间的虚表,视图中的数据来自实际存储数据的基表。视图中的数据没有数据冗余问题。视图的简单应用除了包括 7.1 节中介绍的综合信息之外,还包括以下几个方面。

7.2.1 水平视图

水平视图是指在视图中只包含满足筛选条件的记录。水平视图可以限制用户查阅超越权限的数据资料。例如在 comp 数据库的 yeji 表中有全公司所有员工的业绩资料,如果希望各个分公司只能查阅本分公司的业绩资料,可以为每个分公司创建一个水平查询,各个分公司通过网站登录系统后,只能根据分公司编码看到本分公司的员工业绩信息。

【例 7-2】 为分公司编码="02"的成都分公司创建水平视图。

SQL 语句如下:

```
/ * 在 comp 数据库查询窗口中,下面两行可以省略 * /
use comp
go
create view yj_02
as
select
        yeji.ygid as 员工编号,xm as 姓名,xb as 性别,
        convert(nchar(10),rq,120)as 日期,yj as 业绩
from yeji join ygong on yeji.ygid = ygong.ygid
whcre left(yeji.ygid,2) = '02'
```

如果在系统中设置了成都分公司人员登录进入系统后,只能打开 yj_02 视图,那么看到的只是如图 7-7 所示的员工编码都是以 02 开头的本公司员工业绩信息。

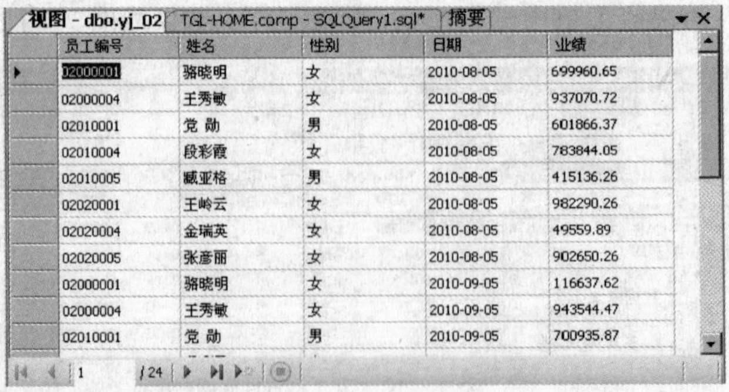

员工编号	姓名	性别	日期	业绩
02000001	骆晓明	女	2010-08-05	699960.65
02000004	王秀敏	女	2010-08-05	937070.72
02010001	党劢	男	2010-08-05	601866.37
02010004	段彩霞	女	2010-08-05	783844.05
02010005	臧亚格	男	2010-08-05	415136.26
02020001	王岭云	女	2010-08-05	982290.26
02020004	金瑞英	女	2010-08-05	49559.89
02020005	张彦丽	女	2010-08-05	902650.26
02000001	骆晓明	女	2010-09-05	116637.62
02000004	王秀敏	女	2010-09-05	943544.47
02010001	党劢	男	2010-09-05	700935.87

图 7-7 水平视图

7.2.2 投影视图

投影视图是使用表中的某些列组成的视图。投影视图可以限制用户对某些敏感列信息

的访问。例如在 ygong 表中有员工的出生日期、基本公司、联系电话等敏感信息,可以使用投影视图限制用户访问这些敏感信息。

【例 7-3】 创建视图 yginfo,视图中只包括员工编号、姓名、性别、参加工作时间、职务、职称信息。

该例可以通过创建 ygong 表的投影视图实现。创建投影视图的 SQL 语句如下:

```
use comp
go
create view yginfo
as
select
    ygid as 员工编号,xm as 姓名, xb as 性别, cjgz as 参加工作时间,
    zhiwu as 职务, zhicheng as 职称
from ygong
```

如果希望 yginfo 视图中包括所在部门的信息,可以通过 ygong 表和 bminfo 表的连接实现,也可以直接从 7.1.1 小节创建的 ygxx 视图中得到。利用 ygxx 视图创建 yginfo 视图的 SQL 语句如下:

```
create view yginfo
as
select
    员工编号, 姓名, 性别,参加工作时间,职务, 职称,所在部门
from ygxx
```

命令执行后创建的视图及打开视图后的结果如图 7-8 所示。

图 7-8 利用视图创建的视图

7.2.3 产生计算列

在数据库表中,一些可以通过计算得到的列不会在数据库设计中被设计成固定的字段。通过视图可以比较方便地产生这些列,而且每次打开视图时还能够根据数据库中基表数据的变化重新计算。

【例 7-4】 使用 SQL 语句在 comp 数据库中创建视图 xygz,用于计算本月的职工效益

工资。视图中包括员工编号、姓名、本月业绩和按本月业绩的 0.3％产生的效益工资。

分析：xygz 视图中的效益工资需要使用 yeji 表的当月数据计算，所以"效益工资"列可以通过子查询得到；当月的业绩可以通过 month(rq) = month(getdate())得到。创建视图的 SQL 语句如下：

```
create view xygz
as
select
    ygid as 员工编号, xm as 姓名,
    (select
        yj
    from yeji as b
    where (b.ygid = a.ygid) and (month(rq) = month(getdate())))
    as 本月业绩,
    (select
        yj
    from  yeji as b
        where (b.ygid = a.ygid) and (month(rq) = month(getdate()))) * 0.003
    as 效益工资
from ygong as a
```

创建的视图及打开视图后的结果如图 7-9 所示。

员工编号	姓名	本月业绩	效益工资
01020005	韩韬	472244.08	1416.73224
01020006	王瑞莲	402889.19	1208.66757
02000001	骆晓明	699960.65	2099.88195
02000002	李卓	NULL	NULL
02000004	王秀敏	937070.72	2811.21216
02000005	周瑞	NULL	NULL
02000006	邢彦	NULL	NULL
02000007	马玉星	NULL	NULL
02000008	吕静宇	NULL	NULL
02010001	党勋	601866.37	1805.59911
02010002	陈龙苗	NULL	NULL
02010003	刘鹏飞	2000.00	6.00000
02010004	段彩霞	783844.05	2351.53215

图 7-9　产生计算列

> **注意**：由于使用了(month(rq))＝month(getdate())，如果 yeji 表中没有当月的数据，"本月业绩"和"效益工资"列将是空值；如果 yeji 表中存在某个员工某个月份有不止一条业绩记录，打开该视图时将出现错误提示。

7.2.4　从视图中查询数据

从视图中查询数据和从基表中查询数据类似，只是需要使用视图中的字段名。例如在 xygz 视图中查询"王秀敏"的效益工资信息，SQL 语句如下：

```
use comp
```

```
go
select * from xygz
        where 姓名 = '王秀敏'
```

命令执行结果如图 7-10 所示。

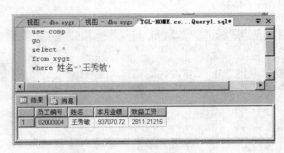

图 7-10　从视图中查询数据

7.2.5　利用视图向基表中插入数据

利用视图可以向视图来源的基表中插入数据，但是需要注意一些限制。

【例 7-5】　利用 ygyj 视图添加员工 2010 年 11 月份的业绩。

SQL 语句如下：

```
use comp
go
insert into ygyj
    (员工编号,姓名,性别,日期,业绩)
    values('02000004','王秀敏','女','2010 - 11 - 8',3200)
```

语句执行结果如图 7-11 所示。

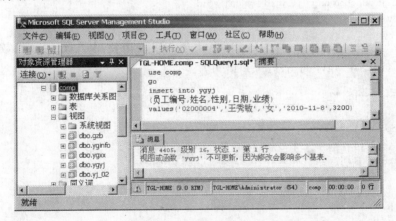

图 7-11　错误报告（一）

图 7-11 所示的错误报告显示"因为修改会影响多个基表"。ygyj 视图的数据源是 ygong 表和 yeji 表。在插入语句中"姓名"、"性别"是 ygong 表内的数据；"日期"和"业绩"是 yeji 表内的数据，在一个插入语句中涉及了两个基表，所以数据库无法操作。

将 SQL 语句修改为：

```
insert into ygyj (员工编号,日期,业绩)
values('02000004','2010 - 11 - 8',3200)
```

语句执行结果如图 7-12 所示。

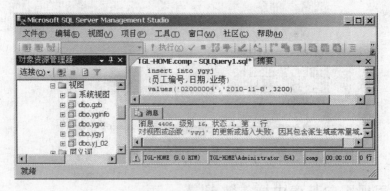

图 7-12　错误报告(二)

由图 7-12 可知,仍是插入失败,错误原因是"因其包含派生域或常量域"。"常量域"一般指视图中的常量列,向常量列插入内容自然是不允许的,但是 ygyj 视图中并没有常量域,那就是因为有"派生域"。所谓派生域就是由计算产生的列。在 ygyj 视图中虽然没有由其他列计算产生的列,但是看一下例 7-1 产生 ygyj 视图的 SQL 语句：

```
create view ygyj
as
select
        yeji.ygid as 员工编号,xm as 姓名,xb as 性别,
        convert(nchar(10),rq,120)as 日期,yj as 业绩
from yeji join ygong on yeji.ygid = ygong.ygid
order by yeji.ygid
```

其中有 convert(nchar(10),rq,120)as 日期,由于该字段中使用了 convert 函数,所以也是"派生域"。修改产生 ygyj 视图的 SQL 语句为：

```
create view ygyj
as
select top (100) percent
        yeji.ygid as 员工编号,xm as 姓名,xb as 性别,
        rq as 日期,yj as 业绩
        from yeji join ygong on yeji.ygid = ygong.ygid
        order by yeji.ygid
```

再执行插入语句：

```
insert into ygyj (员工编号,日期,业绩)
values('02000004','2010 - 11 - 8',3200)
```

执行语句后的 ygyj 视图如图 7-13(a)所示,yeji 表中的数据如图 7-13(b)所示。

利用视图插入数据时的注意事项总结如下：

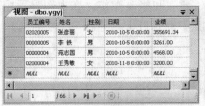 

(a) 插入后的ygyj视图　　　　　　(b) 插入后的yeji表

图 7-13　利用视图插入数据

（1）利用视图插入数据时，插入的数据只能在一个基表中。

（2）不能向视图的常量列插入数据。

（3）视图中不能包含计算列或使用函数的列。

（4）基表中的列有约束条件时，插入的数据必须满足约束条件。

7.2.6　利用视图编辑数据

在视图中也可以修改、删除基表中的数据。常用的是修改和删除语句。

（1）修改数据

在视图中修改数据的 update 语句如下：

```
use 数据库名
go
update 视图名 set 视图字段名 = '常量'[,…]
where 条件表达式
```

（2）删除记录

在视图中删除记录的 delete 语句如下：

```
use 数据库名
go
delete  from 视图名
where 条件表达式
```

在视图中编辑数据时必须注意以下条件。

（1）如果视图的数据源是多个基表，那么视图中的记录不能删除。

（2）如果视图是一个基表的投影视图，删除视图中的记录将会删除基表中的整行记录。

（3）使用 update 修改的内容不能同时涉及两个以上的基表，一个 update 语句一次只能修改一个基表中的数据。

（4）对于视图中的常量列、计算列和使用函数的列不能使用 update 语句修改。

（5）使用 update 修改的内容要满足基表的约束条件。

7.2.7　可视化视图编辑

在 SQL Server Management Studio"对象资源管理器"窗口中选中视图对象，打开视图后，在视图显示窗口中也可以进行记录的插入、删除和修改操作。在视图显示窗口中编辑视图中的数据比使用 SQL 语句更直观，但是也需要遵守以上注意事项，否则同样会产生错误报告，操作失败。

7.3　小　　结

视图是数据库中的一个重要对象，利用视图可以方便地查询或修改数据。利用视图还能够完成数据的安全控制。本章主要介绍了视图的创建和简单应用。

7.4　上机习题

1. 在 comp 数据库中按照分公司编码，分别为各个分公司建立"员工信息"视图。视图字段包括：员工编号、姓名、性别、出生日期、部门、部门主管、参加工作时间、职务、职称、基本工资、联系电话。

2. 在 comp 数据库中按照分公司编码，分别为各个分公司建立"员工信息"投影视图。视图字段包括：员工编号、姓名、性别、部门、参加工作时间、职务、职称。

3. 在 comp 数据库中创建一个"本月业绩"视图。视图字段包括：员工编号、姓名、性别、部门、本月业绩。每个月打开该视图都能显示本月员工的业绩信息。

4. 在 comp 数据库中按照分公司编码，分别为各个分公司建立"业绩信息"水平视图。视图字段包括：员工编号、姓名、性别、日期、业绩。并利用该水平视图登记各分公司的业绩信息。

第8章 简单数据库应用系统开发

前面介绍的数据库操作都是在 SQL Server 服务器上进行的,或者说是在安装了 SQL Server 服务器的 Windows Server 上,以系统管理员的身份登录后,使用 SQL Server Management Studio 工具进行的。这种交互式的操作虽然简单,但是存在两个方面的问题: 一是数据库安全问题,任何人都能对数据库直接操作肯定是不安全的,尽管系统管理员可以通过设置登录用户的权限进行安全控制,但普通用户直接在服务器上操作一般也是不允许的;二是操作的可行性较差,一个公司分布在全国各地,允许使用数据库的用户都到总公司的服务器上对数据库进行操作是根本不可能的。所以需要开发一个数据库应用系统,也就是开发一个数据库应用系统网站,用户可以通过网站使用数据库。

开发应用系统当然不是本书面向的管理类、营销类人员的专业工作,一个功能完善的应用系统一般需要由计算机类专业人员或软件公司来开发。本章将介绍使用 ASP. NET 工具,利用无代码方式和模板式方法开发功能简单的应用系统,从而说明如何在应用系统中使用数据库。读者可以利用本章提供的知识、方法完成自己业务中一个功能简单的应用系统的开发,但是,本书中只说明要这样做,未说明为什么要这样做。如果想知道为什么这样做,应学习计算机编程、ASP. NET 编程技术方面的课程。

学习本章有两个目的:一是了解动态网站的开发过程和开发一个数据库应用系统应该考虑哪些问题;二是学习简单的动态网站制作技术,用于设计、制作一个功能简单的数据库应用系统。当然对于管理类专业人员不能要求制作出功能完善的数据库应用系统,那样的工作要留给计算机专业人员去完成。

8.1 系统开发环境

该系统是在本书示例数据库 comp 的基础上,为示例中的模拟公司开发一个"公司业务管理系统"。开发的应用系统只是一个示例,学习的重点是开发应用系统的方法。

8.1.1 系统软件环境

1. 操作系统环境

本示例使用的操作系统是 Windows Server 2003 SP1,Microsoft . NET Framework 版

本要求为 2.0。在图 8-1 所示的"默认网站属性"对话框的 ASP. NET 选项卡中,如果"ASP. NET 版本"文本框内显示的版本不是 2.0.50727,需要从下拉列表框中选择 2.0.50727 选项。

2. 数据库环境

在 Windows Server 2003 SP1 操作系统上安装有 SQL Server 2005 服务器。服务器身份验证采用"Windows 身份验证模式"。

用户数据库按照 4.3.2 小节的设计创建了 comp 数据库及表、视图,如下所示。

(1) 基表

部门基本情况表:bminfo

员工基本情况表:ygong

员工业务成绩表:yeji

(2) 视图

员工投影视图:yginfo(员工编号,姓名,性别,参加工作时间,职务,职称,所在部门)

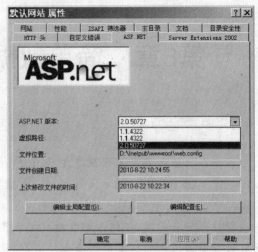

图 8-1 ASP. NET 版本选择

员工业绩视图:ygyj(员工编号,姓名,性别,日期,业绩)

3. 系统开发工具

(1) 使用 ASP. NET 动态网站开发工具。

(2) 要求在 Windows Server 2003 系统上安装了 Microsoft Visual Studio 2005。

(3) 保证 NT AUTHORITY\NETWORK SERVICE 用户能够登录到 SQL Server 2005 服务器。

使用 Visual Studio 2005 开发 ASP. NET 网站程序,在 SQL Server 2005 数据库服务器的身份验证方式采用"Windows 身份验证模式"时,ASP. NET 网站程序登录 SQL Server 2005 服务器时的用户名为 NT AUTHORITY\NETWORK SERVICE,所以必须保证 NT AUTHORITY\NETWORK SERVICE 用户能够登录到 SQL Server 2005 服务器。

在如图 8-2 所示的数据库登录名列表中如果没有 NT AUTHORITY\NETWORK SERVICE 用户,需要对 Windows 系统和 SQL Server 2005 服务器进行设置,设置方法如下。

① 将 NETWORK SERVICE 用户加入 Windows Administrators 用户组。

从 Windows 的"开始"|"管理工具"|"计算机管理"|"本地用户和组"|"组"列表中双击 Administrators 用户组。在"Administrators 属性"对话框单击"添加"按钮,在打开的"选择用户"对话框中选择"高级"|"立即查找"。在"搜索结果"中找到 NETWORK SERVICE,双击 NETWORK SERVICE,该用户就被添加到选择用户的"对象名称"列表中。单击"确定"按钮后"Administrators 属性"对话框中就添加了 NT AUTHORITY \ NETWORK SERVICE 用户,如图 8-3 所示。

② 在 SQL Server 2005 服务器中添加 NT AUTHORITY\NETWORK SERVICE 为登录

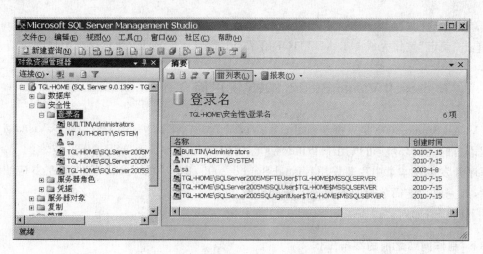

图 8-2 数据库登录名列表

用户。

在 SQL Server Management Studio"对象资源管理器"窗口的"安全性"对象中右击"登录名"选项,在弹出的快捷菜单中选择"新建登录名"命令,打开如图 8-4 所示的"登录名-新建"对话框,单击"搜索"按钮。

在打开的"选择用户和组"对话框中选择"高级"选项卡,单击"立即查找"按钮,在打开的"搜索结果"对话框中找到 NETWORK SERVICE。双击NETWORK SERVICE,在"登录名"文本框中出现NT AUTHORITY\NETWORK SERVICE。

图 8-3 添加 NT AUTHORITY\NETWORK SERVICE 用户

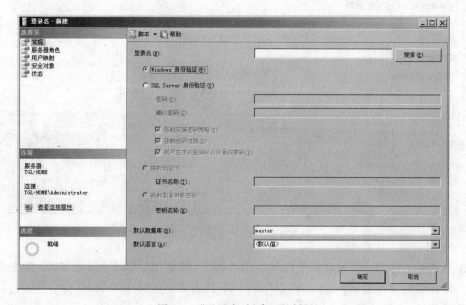

图 8-4 "登录名-新建"对话框

单击"选择页"列表中的"服务器角色"选项,从"服务器角色"列表中选择 sysadmin 角色,单击"确定"按钮完成 NT AUTHORITY\NETWORK SERVICE 登录用户的添加。

8.1.2 Microsoft Visual Studio 2005 使用简介

Visual Studio 2005 是支持 Visual C♯、Visual Basic. NET、Visual C++. NET、Visual J♯等编程语言的开发环境,可以用于 Windows 应用程序开发和基于 ASP. NET 技术的 Web 应用程序开发。在本章中主要使用 Visual Studio 2005 工具中的 C♯语言进行 Web 应用程序开发,即完成功能简单的业务管理系统的开发。

下面介绍如何使用 Visual Studio 2005 开发 Web 应用程序。

1. 制作网站之前的准备工作

在使用 Visual Studio 2005 制作网站之前,应该先在某个硬盘上新建一个文件夹,用来存放网站文件,一般称为本地站点。例如,在 E 盘中新建一个文件夹 myweb。

如果在网站中需要使用图片,最好在网站根目录下建立一个 Images 文件夹,将准备好的素材图片放置到文件夹内。

2. 启动 Visual Studio 2005

在 Windows 系统的"开始"|"所有程序"| Microsoft Visual Studio 2005 菜单中选择 Microsoft Visual Studio 2005 选项,在打开的 Microsoft Visual Studio 2005 起始页中选择"文件"|"新建"|"网站"命令,打开"新建网站"对话框,如图 8-5 所示。

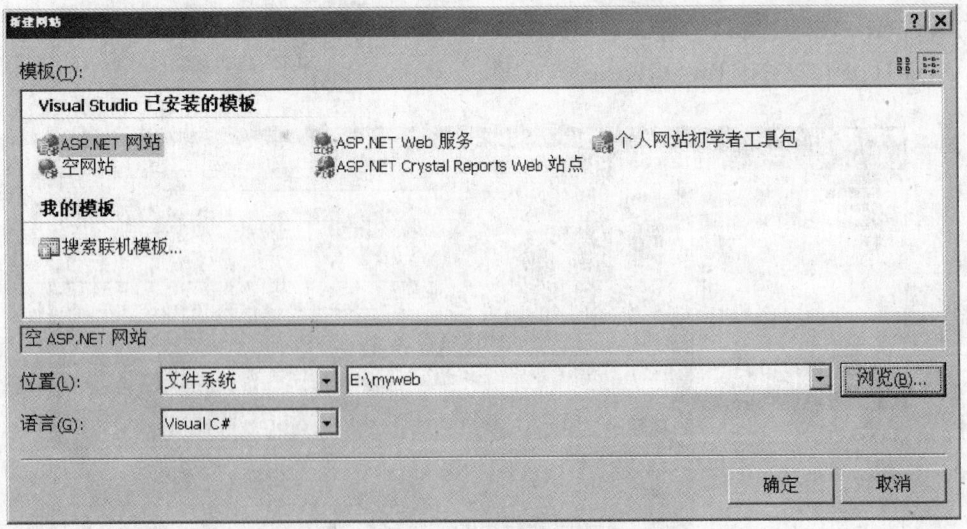

图 8-5 "新建网站"对话框

在图 8-5 中的"模板"列表框中选择"ASP. NET 网站"选项,在"位置"文本框中通过浏览选择准备好的文件夹 E:\myweb,在"语言"下拉列表框中选择 Visual C♯选项。如果有其他语言基础,也可选择其他语言。

单击"确定"按钮后,进入系统开发界面,如图8-6所示。

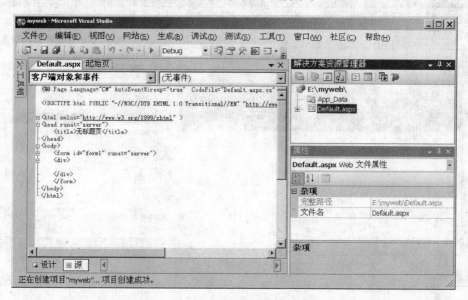

图8-6 系统开发界面

在 Visual Studio 2005 系统开发界面中,除了常见的菜单栏、工具栏之外,窗口的最左侧是"工具箱",当将鼠标指向工具箱时它就会自动展开。在系统开发界面中靠左侧最大的窗口是文档窗口,刚打开时显示的是 Default. aspx 程序的 HTML 源代码,单击左下角的"设计"按钮,可以进入 Default. aspx 页面的可视化设计界面。在一般情况下对网站用户界面的设计都是在"设计"窗口中进行的。

"解决方案资源管理器"窗口中是网站中的所有文件。在动态网站设计中,不仅需要用户界面设计,还需要有后台程序代码支持。Default. aspx 是 ASP. NET 动态网站的默认首页文件,单击该文件名前面的＋号,可以看到还有一个 Default. aspx. cs 文件,这就是用 C♯生成的后台程序代码文件。

"属性"窗口中是当前选中对象的属性,通过设置对象的属性可以完成不同效果的用户界面设计。

工具箱内是用于网页用户界面设计的"控件"。所谓控件,就是可以被应用程序控制的元件对象。工具箱中还按照控件类别分成了"标准"、"数据"、HTML 等工具栏。

3. 简单用户界面设计

在"设计"模式下,将鼠标指向"工具箱",在"工具箱"的"标准"工具栏内找到 Image 控件拖动到文档窗口内,在如图8-7所示的 Image1 控件属性窗口内找到 ImageUrl 行,单击该行后面的"…"按钮,通过浏览方式选择一张图片。

再从"工具箱"的"标准"工具栏中找到 Label 控件拖到"设计"文档窗口中的图片下面(如果位置不对,将光标置于图片后面按几下 Enter 键)。从属性窗口中的标题栏中可以看到,该控件的名称为 Label1。如果再拖入一个 Label 控件,其名称自动设置为 Label2。

单击控件 Label1,在属性窗口中将显示控件 Label1 的属性。在 Label1 控件属性窗口

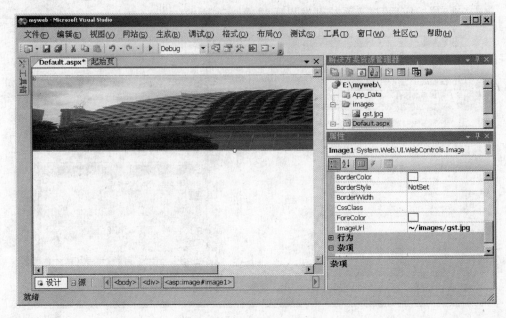

图 8-7　设置图片控件属性

设置属性如下。

Text：欢迎使用公司业务管理系统

ForeColor：#004000　　　；前景色，设置为墨绿色

展开 Font，设置：

Size：48　　　　　　　；文字大小，48pt

Name：华文彩云　　　　；通过选择方式设置字体种类

Bold：true　　　　　　；选择加粗字体

Label1 控件属性设置如图 8-8 所示。

4．系统调试

使用 F5 键对网站程序进行调试或使用 Ctrl＋F5 组合键直接运行网站程序，如果没有什么错误，就可以将网站发布到服务器。

对于一个网站应该有一个首页，在 ASP. NET 中一般是 Default. aspx，但是也可以将其他页面设置成首页。设置方法是在 Visual Studio 2005"解决方案资源管理器"中选中一个页面文件，右击，在弹出的快捷菜单中选择"设为起始页"命令。一旦进行了"起始页"设置之后，如果再使用 F5 键或 Ctrl＋F5 组合键调试页面，打开的总是被设置成"起始页"的页面。如果希望测试其他页面，需要在"解决方案资源管理器"中右击该页面，在弹出的快捷菜单中选择"在浏览器中查看"命令。

5．发布网站

一个制作完成的网站最后要发布到服务器上。在 Visual Studio 2005 系统中发布网站的操作步骤如下：

图 8-8　Label1 控件属性设置

（1）在"生成"菜单中选择"发布网站"命令。

（2）在打开的"发布网站"对话框中通过浏览方式选择"目标位置"，例如选择 Windows 中的默认网站位置 Inetpub\wwwroot，单击"确定"按钮后完成网站发布。

6．浏览网站

将 IIS 中的默认网站的 IP 地址、端口、主目录属性设置正确，保证"文档"选项卡中的"默认文档"列表中有 Default.aspx，从浏览器地址栏中输入 http://主机 IP 地址，打开的网站页面如图 8-9 所示。

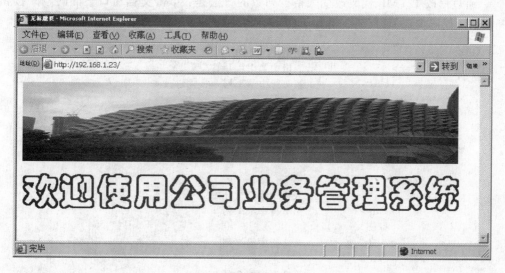

图 8-9　浏览网站

8.2 无编码页面开发

在应用系统中,数据库中表或视图的显示、数据的修改在 ASP.NET 中都可以由无编码页面实现,这对于非计算机专业人员开发数据库应用系统无疑是很有用的。下面结合本章示例的公司业务管理系统来介绍如何利用无编码技术显示和修改数据库的内容。

8.2.1 基表及视图浏览页面制作

【例 8-1】 制作员工信息分页浏览页面。

假如浏览 comp 数据库"员工信息"表中信息的网站页面文件为 showygong.aspx,由于 ygong 表中数据记录较多,需要采用分页方式显示。无编码 showygong.aspx 页面制作过程如下。

(1) 新建 showygong.aspx 页面文件

在 Visual Studio 2005 起始页中打开 8.1 节创建的网站 myweb,在菜单栏中选择"文件"|"新建"|"文件"命令,在打开的"添加新项"对话框中选择"Web 窗体"选项,在"名称"文本框中将文件名修改为 showygong.aspx,单击"添加"按钮,在 Visual Studio 2005"解决方案资源管理器"窗口中添加 showygong.aspx 文件。

(2) 页面设计

① 打开 showygong.aspx 页面的设计窗口,在"工具箱"的 HTML 工具栏内找到 Table 控件,将其拖入设计文档窗口。

② 修改 Table 控件的行列数。拖入的 Table 控件默认是一个 3 行 3 列的表格。现在希望得到一个 2 行 1 列的表格用于页面布局,第 1 行放置页面标题,第 2 行放置要显示的数据表格,这可以通过修改 HTML 代码或通过删除表格行、列的方式实现。

a. 通过修改 HTML 代码改变表格行列数的方法是:单击文档窗口下面的"源"按钮,打开页面源代码窗口,可以看到有如下的 HTML 标记代码行。

```
<table>              ;表格定义开始
        <tr>             ;表格中第1行开始
            <td>             ;第1行中第1列
            </td>
            <td>             ;第1行中第2列
            </td>
            <td>             ;第1行中第3列
            </td>
        </tr>            ;第1行结束
        <tr>             ;表格中第2行开始
            <td>             ;第2行中第1列
            </td>
            <td>             ;第2行中第2列
            </td>
            <td>             ;第2行中第3列
            </td>
```

```
          </tr>            ；第 2 行结束
          <tr>             ；表格中第 3 行开始
               <td>        ；第 3 行中第 1 列
               </td>
               <td>        ；第 3 行中第 2 列
               </td>
               <td>        ；第 3 行中第 3 列
               </td>
          </tr>            ；第 3 行结束
     </table>              ；表格结束
```

从上面的注释可以看出,该表格是一个 3 行 3 列的表格,现在将其修改为 2 行 1 列的表格,直接在代码窗口内选中相应代码修改即可,修改后的结果如下:

```
     <table>              ；表格定义开始
          <tr>             ；表格中第 1 行开始
               <td>        ；第 1 行中第 1 列
               </td>
          </tr>            ；第 1 行结束
          <tr>             ；表格中第 2 行开始
               <td>        ；第 2 行中第 1 列
               </td>
          </tr>            ；第 2 行结束
     </table>              ；表格结束
```

回到设计窗口,拖曳表格上的控制点到需要的宽度,可以看到是一个 2 行 1 列的表格。

b. 在设计窗口中删除表格行、列的操作方法是:拖动 Table 控件上的控制点展开表格。单击列上方的选择按钮选中该列,右击,在弹出的快捷菜单中选择“删除”|“列”命令,则删除表格对象中的 1 列;当选中 1 行后,可以删除该行。

如果希望在表内插入行或列,右击某个单元格后,弹出快捷菜单,可以从中选择“插入”命令,再选择行或列,以及在前后、左右位置插入。

③ 设置单元格内对齐方式。选中第 1 行的单元格,在<td>属性窗口中设置对齐属性 Align 的属性值为 center,再选中第 2 行的单元格,也将其 Align 属性设置为 center。

④ 设置页面标题行。在“工具箱”的“标准”工具栏内选择 Label 控件,将 Label 控件拖到表格的第 1 行,在 Label1 属性窗口中设置 Label1 的 Text 属性为“员工基本信息”,设置 Font 属性中的 Size 属性为 24。

⑤ 添加数据浏览控件 GridView。在“工具箱”的“数据”工具栏中找到 GridView 控件,将其拖入表格的第 2 行中。

⑥ 设置数据源。在拖入 GridView 控件后如果没有如图 8-10 所示的“GridView 任务”对话框,单击 GridView 控件右上角的黑三角图标打开“GridView 任务”对话框。

从“选择数据源”下拉列表框中选择“新建数据源”选项,打开“数据源配置向导”对话框,从中选择“数据库”选项。单击“确定”按钮后,在打开的“选择您的数据连接”对话框中选择“新建数据连接”选项。

在如图 8-11 所示的“添加连接”对话框中选择 SQL Server 服务器名。注意:如果服务器名中带有 SQLEXPRESS,必须将 SQLEXPRESS 删除。

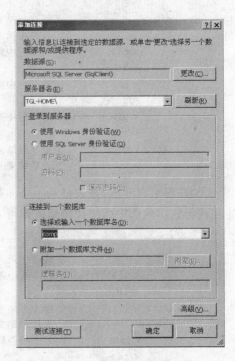

图 8-10　"GridView 任务"对话框　　　　　　图 8-11　"添加连接"对话框

在"连接到一个数据库"选项组中，选择需要使用的用户数据库。本例中为 comp。

选择完成后，单击"测试连接"应该显示"测试连接成功"的消息，否则就是存在设置错误。

单击"确定"按钮后返回到"选择您的数据连接"对话框，单击"下一步"按钮，打开保存配置的提示对话框，单击"下一步"按钮，打开"配置 Select 语句"对话框，如图 8-12 所示。

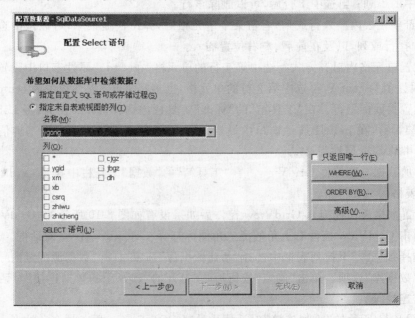

图 8-12　"配置 Select 语句"对话框

在"配置 Select 语句"对话框的"名称"下拉列表框中选择需要显示的表格,本例中为 ygong,从"列"列表中选择输出显示的字段。如果需要显示所有字段,可以选择 * 选项。

选择完成后,如果单击"下一步"按钮,可以打开"测试查询"窗口,对配置的 Select 语句进行测试;也可以单击"完成"按钮,结束数据源配置过程。

⑦ 自动套用格式。在"GridView 任务"对话框中单击"自动套用格式"按钮,打开"自动套用格式"对话框选择输出表格的显示风格,有多种方案可供选择,例如选择"简明型"。

⑧ 设置汉字字段名。表中的字段名一般使用字母,为了容易阅读,需要在列标题中显示汉字字段名。在"GridView 任务"对话框中单击"编辑列"按钮,在如图 8-13 所示的"字段"设置对话框中,选中"选定的字段"列表框中的一个字段,在"BoundField 属性"列表框中设置 HeaderText 属性为相应的汉字名称,例如图 8-13 中的"员工编号"。

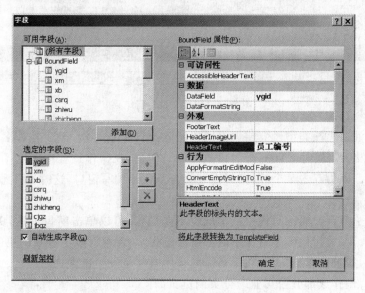

图 8-13　设置汉字字段名

⑨ 设置日期型字段显示格式。如果希望将日期型数据的显示格式设置成"年-月-日"的格式(不显示时间),可以在"字段"设置对话框中选中日期型字段,如选中"出生日期"字段,在"BoundField 属性"列表框找到 HtmlEncode 属性,将其设置为 False;将 DataFormatString 属性设置为{0:d}。

⑩ 设置分页显示。在"GridView 任务"对话框中选中"启用分页"复选框,即可实现分页显示。默认的每页记录数为 10 行。

（3）网页文件测试与发布

使用 Ctrl+F5 组合键运行该网页文件,其运行结果如图 8-14 所示,从运行结果中可以看到基本上达到了设计要求。

运行结果达到预期效果之后,就可以进行网站发布,将网页文件发布到服务器上。

（4）制作无编码网页时的注意事项

对于不太精通网站开发编程的人员,能够使用无编码方式,完成数据库应用网页的制作是一件值得骄傲的事情。但是,由于缺乏编程知识,一旦遇到系统报告错误时就会束手无策。

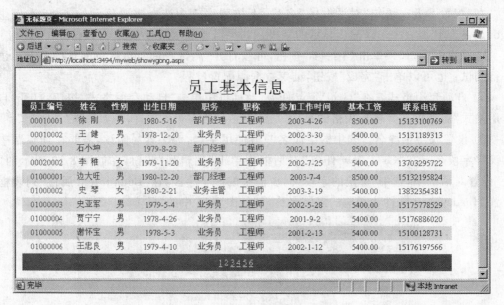

图 8-14　网页文件运行结果

　　当控件属性、位置、类型设置错误时可以删除控件重新再做,至于控件名称是什么不重要;当数据源发生错误时可以重新创建数据源。但是,在操作过程中一定不要随便用鼠标双击某个控件。因为双击某个控件时,系统会打开代码编写窗口,这时不熟悉编程的人员就会不知所措。

　　一旦发生了打开代码编写窗口的情况也不要慌张,可以单击窗口上的"关闭"按钮退出代码编写窗口。在关闭代码编写窗口时如果系统提示"保存对以下各项的更改吗?",这时一定要选择"是",如果选择了"否",在运行页面程序时就会发生错误提示。

　　【例 8-2】　制作成都分公司业绩分页浏览页面。

　　利用例 7-2 为分公司编码="02"的成都分公司创建的水平视图 yj_02,可以完成成都分公司业绩分页浏览页面制作。使用视图制作浏览页面与制作员工信息分页浏览页面基本相同,不同之处如下:

　　(1) 新建"Web 窗体"名称为 showyj02.aspx。

　　(2) 页面标题设置为"成都分公司员工业绩信息"。

　　(3) 设置数据源时,在"配置 Select 语句"对话框中要选择视图 yj_02。

　　(4) 由于视图中的字段名都是汉字,所以不需要设置汉字字段名。

　　(5) 测试运行结果。使用 Ctrl+F5 组合键运行该网页文件,其运行结果如图 8-15 所示。

8.2.2　无编码数据编辑页面制作

　　在数据编辑页面中主要完成数据字段内容的修改或数据记录的删除。数据编辑网页中的数据源只能是数据库中的基表,不能是视图,因为在 ASP.NET 2.0 中 GridView 控件还不支持利用视图编辑基表的操作。

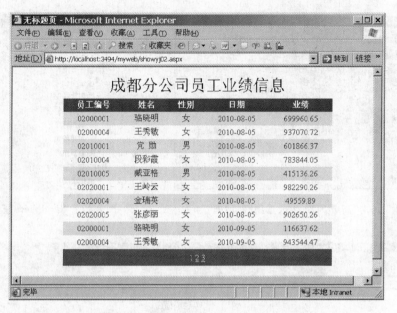

图 8-15　成都分公司业绩分页浏览页面

1. 数据表编辑页面制作

【例 8-3】　制作对 comp 数据库中 ygong 表的编辑页面 editygong. aspx。

仿照例 8-1,不同之处如下:

(1) 新建"Web 窗体"名称为 editygong. aspx。

(2) 页面标题设置为"员工信息编辑"。

(3) 在"配置 Select 语句"对话框中选择了 ygong 表和选择了表内的所有字段名之后,单击"高级"按钮,打开"高级 SQL 生成选项"对话框,如图 8-16 所示。选中"生成 INSERT、UPDATE 和 DELETE 语句"复选框,单击"确定"按钮。

> 注意:从图 8-16 中可以看到,如果在一个数据库基表中没有设置主键,那么就不能使用这种方法制作编辑页面,例如 yeji 表中没有主键设置,所以就不能使用无编码方式制作编辑网页。

(4) 在如图 8-17 所示的"GridView 任务"对话框中选中"启用分页"、"启用编辑"、"启用删除"复选框,GridView 控件中前两列就会增加"编辑"、"删除"超链接按钮。

(5) 测试运行结果如图 8-18 所示。

2. 数据编辑操作

(1) 删除记录

在如图 8-18 所示的 editygong. aspx 浏览网页中,单击某行记录中的"删除"超链接按钮,将删除该行记录。但是如果数据表设置了外键约束,在删除记录时其他表内还有与该记录相关联的记录,在进行删除操作时会出现操作错误提示,删除操作失败,程序将被终止。

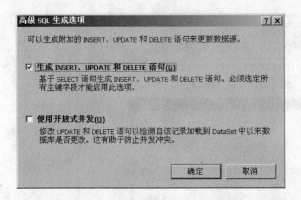

图 8-16 "高级 SQL 生成选项"对话框

图 8-17 "GridView 任务"对话框

图 8-18 测试运行结果

（2）修改数据

在如图 8-18 所示的 editygong.aspx 页面中，单击某行记录中的"编辑"超链接按钮，将打开数据编辑界面，如图 8-19 所示。

在所编辑的记录行上，可以编辑的字段都显示成了文本框格式，可以直接在文本框内修改字段的内容。但是"用户编号"在数据库的 ygong 表内是主键，对于主键字段是不允许修改的。

在修改了某字段的内容后，如果单击"编辑"命令列中的"更新"超链接按钮，则按照输入的内容对数据库内相应的记录进行修改；如果单击"编辑"命令列中的"取消"超链接按钮，则取消所做的修改操作。

3．数据排序显示

在一般情况下，数据库中的数据是按照主键的值升序排序的，所以在 GridView 控件中显示的记录是按照表中主键的值升序排列显示的。如果希望按照任意字段值，可以任意选

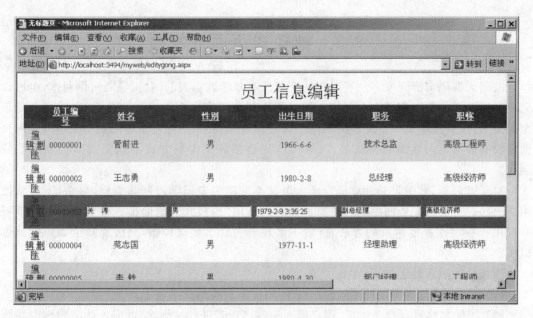

图 8-19　数据编辑界面

择升序、降序显示,那么在图 8-17 所示的"GridView 任务"对话框中选中"启用排序"复选框,在打开页面后,单击某个字段名,记录就会按照该字段值排序。一开始可能是按升序方式,再单击一下该字段名就会变成降序排列。图 8-20 所示的就是按照"姓名"字段降序排列显示的记录。

员工编号	姓名	性别	出生日期	职务	职称	参加工作时间	基本工资
01010006	邹凤莲	女	1979-12-11	业务员	工程师	2002-9-13	5400.00
02000005	周瑞	男	1981-9-2	业务员	工程师	2004-3-18	5400.00
00000008	赵建芳	女	1981-8-3	业务员	工程师	2004-2-26	5400.00
02020005	张彦丽	女	1980-10-8	业务员	工程师	2002-5-28	5400.00
02020007	张旭峰	男	1979-9-10	业务员	工程师	2001-2-13	5400.00
01010008	张海涛	男	1978-9-19	业务员	工程师	2001-6-27	5400.00
00000009	张春瑜	女	1978-8-11	业务员	工程师	2001-7-14	5400.00
02010005	臧亚格	男	1980-4-1	业务员	工程师	2002-3-30	5400.00
00000004	范志国	男	1977-11-1	经理助理	高级经济师	2000-12-8	9300.00
00010001	徐刚	男	1980-5-16	部门经理	工程师	2003-4-26	8500.00

1 2 3 4 5 6

图 8-20　按照"姓名"字段降序排列显示

8.3 模板式页面开发

按照无编码页面开发方法可以很快完成所有基于数据表的浏览、编辑页面制作,也可以完成基于视图的数据浏览页面制作。但是无论制作了多少个无编码的页面,它们终究是单个的页面,没有链接成一个完整的网站。而且像数据插入、用户登录等网站中必不可少的页面也没有办法使用无编码方式制作。所以,完全依靠无编码方式不能完成多页面网站的制作。

对于管理类、营销类非计算机专业人员又不可能去专门学习网站编程,那么,下面就使用"模板式"方法来完成网站的一些页面制作。所谓"模板式",是给出一种页面的制作模板和利用模板制作其他网页的方法,读者不必理解为什么要这样做,只需要知道如何做就可以了。

模板中的表示约定如下:

(1) 需要根据实际问题替换的内容:使用带下画线的文字表示。

(2) 控件名称只有参考作用,用户拖入控件之后若进行过删除,再拖入此类控件时系统给出的控件名可能有变化,控件名称不是关键。

读者在利用模板制作其他类似的网页时,只需要根据具体情况替换带下画线部分的内容,其他内容照搬即可。

8.3.1 数据插入页面模板

下面以员工"业绩登记"页面为例,介绍如何制作数据插入页面。

【例 8-4】 制作"业绩登记"网页 appendyj. aspx。

1. 用户界面制作

(1) 新建"Web 窗体"名称为 appendyj. aspx。

在 appendyj. aspx 设计窗口中按几下 Enter 键,以便有空间放置控件。

(2) 从"工具箱"的"标准"工具栏中拖一个 Label 控件到页面中(Label1),在属性窗口中设置 Label1 控件的 Text 属性为"业绩登记",Font 中的 Size 属性为 24。

(3) 因为 yeji 表中有 3 个字段:ygid、rq、yj,所以从"标准"工具栏中再拖动 3 个 Label 控件(Label2、Label3、Label4)到页面中放置在 3 行上(最好中间隔 1 行),按照字段的顺序,从上到下修改 3 个 Label 控件(Label2、Label3、Label4)的 Text 属性为"员工编号:"、"日期:"、"业绩:"。

从"工具箱"的"标准"工具栏中拖动 3 个 TextBox 控件(TextBox1、TextBox2、TextBox3)到页面中分别放置在"员工编号:"、"日期:"、"业绩:"行的后面,选中"员工编号:"行后面的 TextBox 控件(TextBox1),在属性窗口中设置该控件的(ID)属性为 Tygid;选中"日期:"行后面的 TextBox 控件(TextBox2),在属性窗口中设置该控件的(ID)属性为 Trq;选中"业绩:"行后面的 TextBox 控件(TextBox3),在属性窗口中设置该控件的(ID)属性为 Tyj。

(4) 从"工具箱"的"标准"工具栏中拖动一个 Button 控件（Button1）到页面中所有控件的下面，在属性窗口中设置 Button1 控件的 Text 属性为"提交"。

appendyj. aspx 用户界面的设计结果如图 8-21 所示。

2. 程序代码模板

双击用户界面中的"提交"按钮，打开 appendyj. aspx. cs 文件，如图 8-22 所示，这是页面处理程序代码文件。

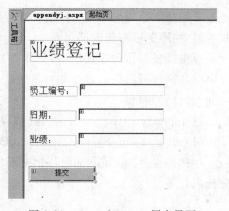

图 8-21 appendyj. aspx 用户界面

下面通过添加代码来制作插入数据代码模板。程序代码使用的是 C♯ 语言，在修改、添加代码时需要注意如下方面。

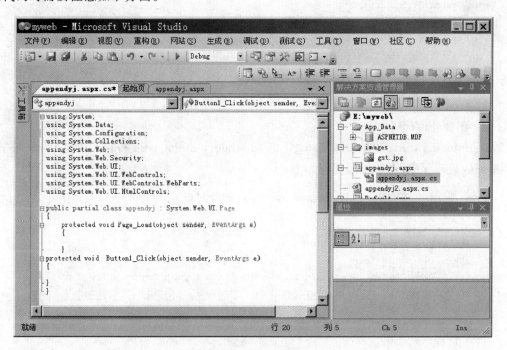

图 8-22 页面处理程序代码文件

（1）C♯ 中是区分大小写的，必须注意单词中哪个字母应大写，哪些字母应小写，单词必须书写正确。

（2）输入字母、符号时不能在汉字状态下，更不能使用全角字母、符号。

（3）注意语句行后面的";"不能缺少。

（4）注意{ }要成对出现。

（5）注意单引号和双引号不能写错，该使用什么引号的地方使用什么引号，不能替代，更不能使用汉字状态的引号。

（6）C♯ 的语法和 SQL 语法不同，在构建的 SQL 语句中，字母不区分大小写，但是其他地方必须注意字母大小写。C♯中的运算符、函数等和 SQL 语句中也不一样,读者只需要原样照抄,不要抄写错误即可。

根据模板制作程序代码时,只需要根据实际情况修改模板中带下画线的部分,但下面模板中"//"符号后面的内容不要抄进去。"//"符号是 C♯ 的注释行,"//"符号后面的内容是对前面代码的解释。

以 appendyj. aspx. cs 为例的处理程序代码文件制作步骤如下:

(1) 添加"using System. Data. SqlClient;"

在代码文件的 using 部分添加一行"using System. Data. SqlClient;",添加后的 using 部分代码如下:

```csharp
using System;
using System.Data;
using System.Data.SqlClient;          //这是需要添加的行
using System.Configuration;
using System.Collections;
using System.Web;
using System.Web.Security;
using System.Web.UI;
using System.Web.UI.WebControls;
using System.Web.UI.WebControls.WebParts;
using System.Web.UI.HtmlControls;
```

(2) 添加处理代码

在 protected void Button1_Click(object sender,EventArgs e)行后的{ }中添加"提交"按钮的处理程序,全部程序代码如下:

```csharp
protected void  Button1_Click(object sender, EventArgs e)
{
    string Cygid  =  Tygid.Text;
    string Crq  =  Trq.Text;
    string Dyj  =  Tyj.Text;
    string str = "Data Source = .;Initial Catalog = comp;Integrated Security = True;";
    string sqlstr = "insert into yeji (ygid,rq,yj) values('" + Cygid + "','" + Crq + "'," + Dyj + ")";
            SqlConnection conn  =  new SqlConnection(str);
        conn.Open();
    try
      {
        SqlCommand cmd  =  new   SqlCommand(sqlstr, conn);
        cmd.ExecuteNonQuery();
        Response.Write("<script>alert('写入成功')</script>");
      }
    catch
      {
        Response.Write("<script>alert('写入错误')</script>");
      }
        conn.Close();
}
```

需要替换的部分说明如下:

（1）定义 3 个内存变量

因为该例中有 3 个输入信息的文本框，所以需要定义 3 个内存变量。如果使用模板制作其他页面时有 5 个输入文本框，则需要按照下面的规则定义 5 个内存变量。

定义的内存变量用于组合生成 SQL 语句。其中：

```
string Cygid = Tygid.Text;      // Cygid 用于取得 Tygid 文本框中输入的字符型数据
string Crq = Trq.Text;          // Crq 用于取得 Trq 文本框中输入的日期型数据
string Dyj = Tyj.Text;          // Dyj 用于取得 Tyj 文本框中输入的数值型数据
```

在数据库中表字段类型为字符型和日期型的字段，对应的内存变量名前面使用了字符 C 开头；对于数值型的字段，对应的内存变量名前面使用了字符 D 开头，这是为了便于区别数据类型，方便构建 SQL 语句。

（2）指定连接的数据库

在语句：

```
string str = "Data Source = .;Initial Catalog = comp;Integrated Security = True;";
```

中，需要指定本页面中需要连接的数据库。本例中连接的数据库为 comp。

（3）构建 SQL 语句

构建 SQL 语句是最复杂的工作，假如在 SQL Server 中向 comp 数据库的表 yejib 中插入一条记录，内容为：员工编号为 02010003，日期为 2010-11-6，业绩为 3500.58，那么 SQL 语句应该写成：

```
insert into yeji (ygid,rq,yj) values('02010003','2010 - 11 - 6',3500.58)
```

但是，在 appendyj.aspx 用户界面的 3 个输入文本框中分别输入了 02010003、2010-11-6、3500.58 之后，单击"提交"按钮，将数据提交到了 appendyj.aspx.cs 程序文件。appendyj.aspx.cs 程序文件中将数据分别转交给了 Cysid、Crq 和 Dyj 内存变量。构建 SQL 语句就是在：

```
string sqlstr = "…";
```

语句中给 sqlstr 变量赋一个字符串，即 sqlstr 变量中最终的内容应该是：

```
insert into yeji (ygid,rq,yj) values('02010003','2010 - 11 - 6',3500.58)
```

如果在构建 SQL 语句时直接写：

```
string sqlstr = "insert into yeji (ygid,rq,yj) values(Cygid,Crq,Dyj )";
```

那么实际生成的 SQL 语句为：

```
insert into yeji (ygid,rq,yj) values(Cygid,Crq,Dyj )
```

显然和需要的 SQL 语句不相符。所以在构建 SQL 语句时需要使用字符串连接运算符＋将多部分内容连接在一起，最终形成需要的 SQL 语句。构建 SQL 语句时遵守的规则如下：

① 第 1 部分：

```
string sqlstr = "insert into yeji (ygid,rq,yj) values('"
```

如果插入字段列表中的第一个字段是字符型或日期型的(内存变量以字母 C 开头),就使用上面的格式;如果是数值型的(内存变量以字母 D 开头),则使用:

```
string sqlstr = "insert into yeji (ygid,rq,yj) values("
```

因为在插入数值常量时不能使用'' 将数值括起来。本例中 ygid 字段为字符型,所以使用 string sqlstr = "insert into yeji (ygid,rq,yj) values('",此时得到的 SQL 语句是:

```
insert into yeji (ygid,rq,yj) values('
```

② 连接第 1 个变量:＋Cygid。

语句组织为:

```
string sqlstr = "insert into yeji (ygid,rq,yj) values('" + Cygid
```

此时得到的 SQL 语句是:

```
insert into yeji (ygid,rq,yj) values('02010003
```

③ 添加连接符号:＋"','"、＋","'或＋"','"。

＋"','" ——连接两个以字母 C 开头的内存变量(两个字符型或日期型变量字段)。

＋","'" ——字母 D 开头的内存变量连接字母 C 开头的内存变量。

＋"','" ——字母 C 开头的内存变量连接字母 D 开头的内存变量。

在本例中插入字段列表的下一个字段是 rq,这是一个日期型字段,所以使用＋"','",语句组织为:

```
string sqlstr = "insert into yeji (ygid,rq,yj) values('" + Cygid + "','"
```

此时得到的 SQL 语句是:

```
insert into yeji (ygid,rq,yj) values('02010003','
```

④ 按照以上规则连接其他变量。

按照以上规则将 Crq 和 Dyj 连接到语句中,结果为:

```
string sqlstr = "insert into yeji (ygid,rq,yj) values('" + Cygid + "','" + Crq + "'," + Dyj
```

此时得到的 SQL 语句是:

```
insert into yeji (ygid,rq,yj) values('02010003','2010 - 11 - 6',3500.58
```

⑤ 添加连接语句结束符号:＋"')"或＋")"。

如果插入字段列表中的最后一个字段为字符型或日期型,则需要使用＋"')";如果为数值型,则需要使用＋")"。本例最后的组织结果为:

```
string sqlstr = "insert into yeji (ygid,rq,yj) values('" + Cygid + "','" + Crq + "'," + Dyj + ")";
```

最终得到的 SQL 语句是:

```
insert into yeji (ygid,rq,yj) values('02010003','2010 - 11 - 6',3500.58)
```

在代码输入无误后,保存文件。

（4）测试 appendyj. aspx 页面

在浏览器中打开 appendyj. aspx 页面，在文本框中输入数据，单击"提交"按钮如果弹出"写入成功"信息提示框，表示页面处理程序正确无误。

本例的运行结果如图 8-23 所示。

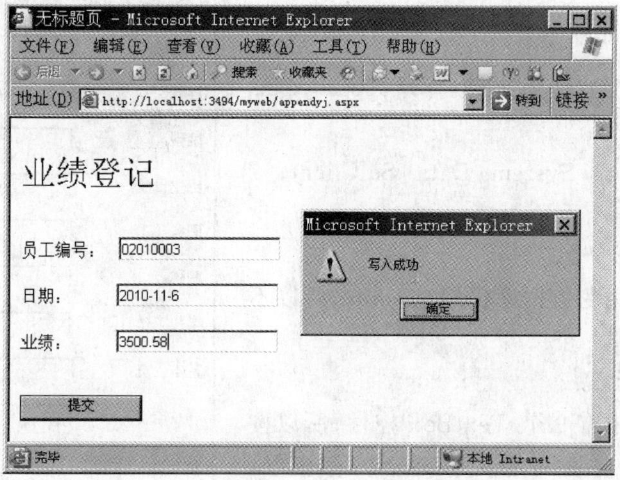

图 8-23   运行结果

8.3.2 利用模板制作数据插入网页

【例 8-5】   制作公司业务管理系统中的"员工信息登记"页面。

分析：该网页就是向 comp 数据库的 ygong 表中插入记录。利用 8.3.1 小节制作的数据插入页面模板制作"员工信息登记"页面的步骤如下（带下画线的是根据需要修改的内容）。

1. 用户界面制作

（1）新建"Web 窗体"名称为 appendygxx. aspx。

（2）从"工具箱"的"标准"工具栏中拖动一个 Label 控件（Label1）到页面中，在属性窗口中设置 Label1 控件的 Text 属性为"员工信息登记"，Font 中的 Size 属性为 24。

（3）因为 ygong 表中有 9 个字段 ygid、xm、xb、csrq、zhiwu、zhicheng、cjgz、jbgz、dh，所以从"标准"工具栏中再拖动 9 个 Label 控件（Label2～Label10）到页面中放置在 9 行上（中间隔 1 行），按照字段的顺序，从上到下修改 9 个 Label 控件的 Text 属性为"员工编号："、"姓名："、"性别："、"出生日期："、"职务："、"职称："、"参加工作时间："、"基本工资："、"联系电话："。

从"工具箱"的"标准"工具栏中拖动 9 个 TextBox 控件（TextBox1～TextBox9）到页面中分别放置在"员工编号："、"姓名："、"性别："、"出生日期："、"职务："、"职称："、"参加工作时间："、"基本工资："、"联系电话："行的后面，从上到下依次选中 TextBox 控件，在属性窗口中分别设置各 TextBox 控件的（ID）属性为 Tygid、Txm、Txb、Tcsrq、Tzhiwu、Tzhicheng、Tcjgz、Tjbgz、Tdh。

（4）从"工具箱"的"标准"工具栏中拖动一个 Button 控件（Button1）到页面中所有控件

的下面,在属性窗口中设置 Button1 控件的 Text 属性为"提交"。

appendygxx. aspx 用户界面的设计结果如图 8-24 所示。

2．程序代码文件制作

双击用户界面中的"提交"按钮,打开 appendygxx. aspx. cs 程序代码文件。

（1）添加"using System. Data. SqlClient；" 语句

（2）数据库连接

由于本例中使用的数据库仍然是 comp,所以不需要修改。

（3）修改处理代码

由于用户界面中有 9 个 TextBox 控件,所以按照内存变量名的命名规则定义了 9 个内存变量: Cygid、Cxm、Cxb、Ccsrq、Czhiwu、Czhicheng、Ccjgz、Djbgz、Cdh。

按照模板修改后的处理代码如下:

图 8-24　用户界面

```
protected void  Button1_Click(object sender, EventArgs e)
{
    string Cygid = Tygid. Text;
    string Cxm = Txm. Text;
    string Cxb = Txb. Text;
    string Ccsrq = Tcsrq. Text;
    string Czhiwu = Tzhiwu. Text;
    string Czhicheng = Tzhicheng. Text;
    string Ccjgz = Tcjgz. Text;
    string Djbgz = Tjbgz. Text;
    string Cdh = Tdh. Text;
    str = "Data Source = . ;Initial Catalog = comp;Integrated Security = True;";
    string sqlstr = "insert into ygong (ygid, xm, xb, csrq, zhiwu, zhicheng, cjgz, jbgz, dh) values
('" + Cygid + "','" + Cxm + "','" + Cxb + "','" + Ccsrq + "','" + Czhiwu + "','" +
Czhicheng + "','" + Ccjgz + "'," + Djbgz + ",'" + Cdh + "')";
    SqlConnection conn = new SqlConnection(str);
    conn. Open();
    try
        {
            SqlCommand cmd = new SqlCommand(sqlstr, conn);
            cmd. ExecuteNonQuery();
            Response. Write("< script > alert('写入成功')</script >");
        }
    catch
        {
```

```
        Response.Write("< script > alert('写入错误')</script >");
    }
    conn.Close();
}
```

保存文件后测试运行,弹出"写入成功"的消息提示框,表示页面制作完成。

如果在"性别"文本框中输入了"男"、"女"之外的文字,由于数据库中对 xb 字段设置了检查约束,所以会弹出"写入错误"的消息提示框。

由于读者不需要精通网站编程,所以这里设计的用户界面在一些处理上不够严密和友好。例如用户界面不够美观、性别的输入不像其他程序那样使用单选按钮选择输入。如果希望做得更好,读者需要学习更多编程方面的知识。

8.4　模拟公司业务管理系统网站总体设计

在前面的章节中以模拟公司业务管理系统为例进行了数据库的设计以及对数据库的操作。在本章中又以模拟公司业务数据库为基础介绍了无编码网站页面制作和模板式网页制作。

到目前为止,虽然能够对数据库进行基本的操作,制作了一些数据库应用网页,但是,这个模拟公司的业务管理系统仍然是混乱的。尽管对于非计算机专业人员很难开发出功能完善的数据库应用系统,然而即便是功能不完善的应用系统到目前也没有形成,制作出的网页也没有链接成一个网站系统,所以当前必要的工作就是对模拟公司的业务管理系统进行总体设计,按照总体设计完成必要的工作。

8.4.1　模拟公司业务管理系统网站功能设计

根据 4.3.2 小节模拟公司业务管理系统数据库的设计,公司业务管理数据库 comp 中有 3 个基表:员工信息表 ygong、部门信息表 bminfo 和业绩表 yeji。网站的基本功能之一是可以浏览表内的信息,而且应该完成对表信息的维护,包括数据插入、数据编辑,所以网站中必须具备的功能模块应该有如下几个。

(1) 员工信息浏览:showygxx. aspx。显示"员工编号、姓名、性别、参加工作时间、职务、职称、所在部门"。可以通过无编码方式显示在例 7-3 中创建的 yginfo 视图实现。

(2) 员工信息登记:appendygxx. aspx。使用例 8-5 制作的"员工信息登记"页面 appendygxx. aspx。

(3) 员工信息编辑:editygong. aspx。使用例 8-3 制作的 ygong 表的编辑页面 editygong. aspx。

(4) 部门信息浏览:showbminfo. aspx。通过无编码方式显示 bminfo 表实现。

(5) 部门信息登记:appendbminfo. aspx。通过数据插入页面模板制作向 bminfo 表中插入记录的网页。

(6) 部门信息编辑:editbminfo. aspx。通过无编码方式编辑 bminfo 表实现。

(7) 业绩浏览:showyj. aspx。显示"员工编号、姓名、性别、日期、业绩"字段信息,可以通过无编码方式显示在例 7-1 中创建的 ygyj 视图实现。

(8) 业绩登记：appendyj.aspx。使用例 8-4 制作的"业绩登记"网页 appendyj.aspx。

由于 yeji 表中没有主键，所以不能使用无编码方式制作数据编辑网页。当然该功能模块设计是比较简单的，没有进行合理性、完善性考虑，只是实现了最基本的功能要求。

8.4.2 系统安全性简单设计

1. 安全性设计

虽然在系统模块设计中没有考虑信息的浏览范围，但再简单的系统也需要考虑如下的基本安全问题。

(1) 非本系统用户不能进入本系统。

(2) 不同的用户有不同的操作权限。例如不能让所有用户都能向数据库中添加数据和编辑数据库中的数据。

根据以上两点，该系统的安全性设计如下：

(1) 在数据库中保存用户信息，进入该系统时需要通过用户名、密码登录，非本系统用户不能进入系统。

(2) 将用户分成"管理员"和"普通用户"两个级别。普通用户进入系统后只能进入"员工信息浏览"、"部门信息浏览"和"业绩信息浏览"页面。管理员登录之后可以进入所有网页。

2. 系统安全性实现

实现系统安全性需要解决以下问题。

(1) 用户账户信息的保存问题

用户账户信息可以单独使用一个表保存，也可以利用 ygong 表。如果利用 ygong 表，可以把 ygid 作为用户名，再添加一个密码字段即可。由于普通用户不能进入 ygong 表的插入与编辑页面，所以管理员可以通过编辑网页修改用户的密码等信息。

(2) 用户浏览权限问题

为了解决用户浏览权限问题，需要对用户设置不同的身份。可以通过在数据库 ygong 表内设置一个标志字段，通过编码方式表示用户的身份。例如用 1 表示普通用户，用 2 表示管理员用户。

(3) 不同用户浏览页面权限的控制

网站首页导航栏的超链接可以使用 Web 控件 LinkButton，该控件有 Enabled 属性可以控制该控件是否可用。LinkButton 控件的 Enabled 属性为 True 时表示控件可用，控件显示成超链接按钮，用户单击该超链接按钮可以打开相应网页；LinkButton 控件的 Enabled 属性为 False 时表示控件不可用，控件显示为灰色文字。

导航栏的超链接使用 Web 控件 LinkButton 后，初始时将所有 LinkButton 控件的 Enabled 属性都设置成 False，即灰色不可用状态。当用户登录进入系统后，根据用户的身份标志决定哪些 LinkButton 控件的 Enabled 属性设置成 True，即对用户开启哪些超链接。

3. comp 数据库的改造

根据系统安全性实现要求,对 comp 数据库中的 ygong 表进行如下改造。

(1) 添加两个字段。

用户密码：yhpass nchar(6),即使用 6 位字符密码。

身份标志：yhflag nchar(1)。普通用户=1,管理员=2。

(2) 为字段赋值。

在 comp 数据库内使用 SQL 语句：

```
update ygong set yhpass = right(ygid,6)
```

将所有员工的用户密码设置成员工编号的后 6 位。使用 SQL 语句：

```
update ygong set yhflag = '1'
```

将所有员工的身份标志设置成普通用户,再在 ygong 表内把管理员人员的身份标志修改成 2。

修改了 ygong 表结构之后,需要对 editygong.aspx 网页文件重新进行数据源设置,否则在编辑窗口中没有新加的两个字段。

8.5 模拟公司业务管理系统网站制作

现在按照系统总体设计完成模拟公司业务管理系统网站的制作。

8.5.1 各个功能模块制作

按照系统总体设计要求及各个功能模块需要完成的功能,利用无编码页面制作技术和模板式页面制作技术,完成下列功能模块的制作。

(1) 员工信息浏览：showygxx.aspx

(2) 业绩浏览：showyj.aspx

(3) 部门信息浏览：showbminfo.aspx

(4) 部门信息登记：appendbminfo.aspx

(5) 员工信息登记：appendygxx.aspx

(6) 业绩登记：appendyj.aspx

(7) 部门信息编辑：editbminfo.aspx

(8) 员工信息编辑：editygong.aspx

8.5.2 网站首页制作

1. 网站首页标题栏与导航栏

对在 8.1 节中生成的网站首页文件 default.aspx 进行改造,使网站首页的标题栏与导航栏显示效果如图 8-25 所示。

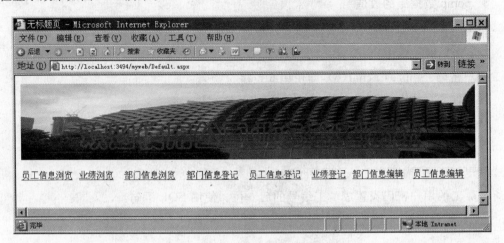

图 8-25　网站首页标题栏与导航栏

改造完成的工作如下：

（1）将网站标题移动到图片上

由于拖入到网页上的控件都是处于一个平面上，所以不能直接将原来显示网站标题的 Label 控件拖动到图片上，需要删除原来的 Label 控件，在 default.aspx 源文件中添加一行 HTML 代码：

```
< div style = " position:absolute;left:119px; top: 84px ; z - index :1; width: 648px;
        font - family :华文彩云; font - size:52px; color: #ff0000; font - weight:800;">
        欢迎使用公司业务管理系统
    </div >
```

添加代码后的 default.aspx 源文件如图 8-26 所示。

```
<%@ Page Language="C#" AutoEventWireup="true"  CodeFile="Default.aspx.cs" Inherits="_Default" %>

<!DOCTYPE html PUBLIC "-//W3C//DTD XHTML 1.0 Transitional//EN" "http://www.w3.org/TR/xhtml1/DTD/xhtml1-transitional.dtd">

<html xmlns="http://www.w3.org/1999/xhtml" >
<head runat="server">
    <title>无标题页</title>
</head>
<body>
    <form id="form1" runat="server">
    <div>
        <asp:Image ID="Image1" runat="server" Height="138px" ImageUrl="~/images/gst.jpg"
            Width="845px" /><br />
        <div style=" position:absolute;left:119px; top: 84px ; z-index :1; width: 648px;
        font-family :华文彩云; font-size:52px; color:#ff0000; font-weight:800;">欢迎使用公司业务管理系统
        </div>
    </div>
    </form>
</body>
</html>
```

图 8-26　添加代码后的 default.aspx 源文件

读者如果在其他地方使用这种方法，只需要关心和替换该行代码中下列内容，其他代码 照抄即可。

① 欢迎使用公司业务管理系统：需要显示的文字。

② "left:119px"：文字距屏幕左侧 119 像素，可以根据需要修改数值。

③ "top：84px"：文字距屏幕顶部 84 像素，可以根据需要修改数值。

④ "z-index :1"：Z 轴坐标，数值越大越靠上。

⑤ "width：648px"：显示文字的区域宽度，可以根据需要修改数值。

⑥ "font-family"：华文彩云：文字字体为华文彩云，可以根据需要修改字体。

⑦ "font-size:52px"：文字大小为 52 像素，可以根据需要修改数值。

⑧ "color：♯ff0000"：文字颜色，红色，6 位十六进制数字按红、绿、蓝进行排列，可以根据需要修改数值以选择颜色。例如♯00ff00 表示绿色。

⑨ "font-weight:800"：字体粗细，数值取值范围为 100～900，数值越大，字体越粗。

每一组内容格式为"属性：属性值；"，注意修改时属性名后面是非汉字的冒号，属性值后面是非汉字的分号。整体代码格式如下：

```
< div style =  "…; ">
    显示的文字
</div>
```

特别要注意<>和双引号不能写错或漏掉，不能使用汉字输入状态的符号。

（2）添加导航栏

为了进行页面访问控制，导航栏使用带 Enabled 属性的 Web 控件 LinkButton。从"工具箱"的"标准"工具栏中依次拖入 8 个 LinkButton 控件排成一行，它们的控件名称（ID 属性）分别是 LinkButton1、LinkButton2、…、LinkButton8。在属性窗口中将它们的 Text 属性从 LinkButton1 到 LinkButton8 依次修改为：员工信息浏览、业绩浏览、部门信息浏览、部门信息登记、员工信息登记、业绩登记、部门信息编辑、员工信息编辑，并且将它们的 Enabled 属性都修改为 False，即初始状态都不可用。加入导航栏后的初始效果如图 8-27 所示。

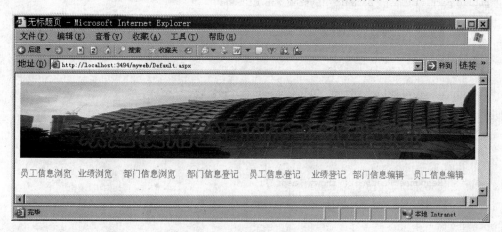

图 8-27 导航栏及初始效果

2．将导航栏链接到网页

使用 LinkButton 控件链接到网页需要使用命令代码。添加命令代码的方法是：在 default.aspx 页面设计窗口中双击 LinkButton1 控件，打开 default.aspx.cs 代码设计窗口，在

```
protected void LinkButton1_Click(object sender, EventArgs e)
    {

    }
```

中输入代码：

```
Response.Redirect("showygxx.aspx");
```

结果为：

```
protected void LinkButton1_Click(object sender, EventArgs e)
    {
        Response.Redirect("showygxx.aspx");
    }
```

按照上述方法依次双击 default.aspx 页面设计窗口中的各个 LinkButton 控件，依次在 default.aspx.cs 代码设计窗口中相应位置添加相应链接到需要链接页面的代码。全部完成之后 default.aspx.cs 代码设计窗口中的代码如下：

```
using System;
using System.Data;
using System.Configuration;
using System.Web;
using System.Web.Security;
using System.Web.UI;
using System.Web.UI.WebControls;
using System.Web.UI.WebControls.WebParts;
using System.Web.UI.HtmlControls;

public partial class _Default : System.Web.UI.Page
{
    protected void Page_Load(object sender, EventArgs e)
    {

    }
    protected void LinkButton1_Click(object sender, EventArgs e)
    {
        Response.Redirect("showygxx.aspx");
    }
    protected void LinkButton2_Click(object sender, EventArgs e)
    {
        Response.Redirect("showyj.aspx");
    }
    protected void LinkButton3_Click(object sender, EventArgs e)
    {
        Response.Redirect("showbminfo.aspx");
    }
    protected void LinkButton4_Click(object sender, EventArgs e)
    {
        Response.Redirect("appendbminfo.aspx");
    }
    protected void LinkButton5_Click(object sender, EventArgs e)
    {
```

```
        Response.Redirect("appendygxx.aspx");
    }
    protected void LinkButton6_Click(object sender, EventArgs e)
    {
        Response.Redirect("appendyj.aspx");
    }
    protected void LinkButton7_Click(object sender, EventArgs e)
    {
        Response.Redirect("editbminfo.aspx");
    }
    protected void LinkButton8_Click(object sender, EventArgs e)
    {
        Response.Redirect("editygong.aspx");
    }
}
```

8.5.3 用户登录模块制作

1. 用户登录界面设计与制作

出于简单的考虑,将用户登录界面放置在网站首页中,效果如图 8-28 所示。

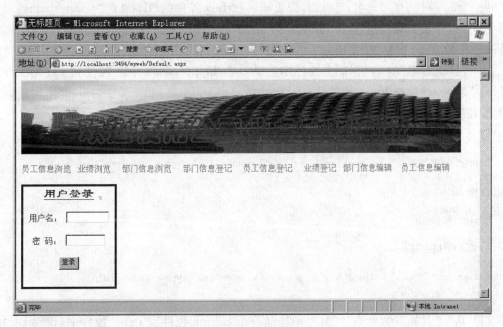

图 8-28 用户登录界面

在实际网站中,页面上的其他位置可以放置公司介绍之类的静态内容。在本例中放置一个 Label 控件准备显示用户登录后的信息。用户登录界面的制作过程如下:

(1) 从"工具箱"的 HTML 工具栏中拖入一个 Table 控件到 default.aspx 页面设计窗口中,将其修改成一个 1 行 2 列的表格。如果是修改源代码,修改后的表格源代码如下:

```
<table>                        ;表格开始
        <tr>                   ;表格第1行
                <td>           ;第1行第1列
                </td>
                <td>           ;第1行第2列
                </td>
        </tr>                  ;第1行结束
</table>                       ;表格结束
```

拖动表格上的控制点,将表格宽度拖到与图片宽度相同。

(2)从"工具箱"的"标准"工具栏中拖动一个 Panel 控件到 default. aspx 页面设计窗口 Table 控件的第 1 列中,拖动控件上的控制点改变控件的大小。Panel 控件是一个容器控件,在这个容器控件中可以放置其他控件。在属性窗口中设置 Panel 控件的 BorderStyle 属性为 Groove,BorderColor 属性为墨绿色,HorizontalAlign 属性为 Center。

(3)从"工具箱"的"标准"工具栏中拖动一个 Label 控件到 Panel 控件中,设置该 Label 控件的 Text 属性为"用户登录",ForeColor 属性为深红色。Font 中的 Name 属性设置为 "隶书"、Size 属性设置为 18,Underline 属性设置为 True。

(4)再从"工具箱"的"标准"工具栏中拖动一个 Label 控件到 Panel 控件中,设置该 Label 控件的 Text 属性为"用户名:";再从"工具箱"的"标准"工具栏中拖动一个 TextBox 控件到 Panel 控件中"用户名:"后面,设置该 TextBox 控件的(ID)属性为 Tusername。

(5)再从"工具箱"的"标准"工具栏中拖动一个 Label 控件到 Panel 控件中,设置该 Label 控件的 Text 属性为"密码:"。

(6)从"工具箱"的 HTML 工具栏中拖动一个 Input(password)控件到 Panel 控件中 "密码:"后面,设置该 Input 控件的(ID)属性为 Tpass,maxlength 属性为 6,即密码最大长度为 6 位字符。

打开 default. aspx 页面"源"代码窗口,找到(关键是 input id="TPass"):

```
< input id = "TPass" maxlength = "6" style = "width: 71px" type = "password" />
```

在该行中加入:

```
runat = "server"
```

加入后该行内容为:

```
< input id = "TPass" maxlength = "6" style = "width: 71px" type = "password"
runat = "server" />
```

(7)从"工具箱"的"标准"工具栏中拖动一个 Button 控件到 Panel 控件中,设置 Button 控件的 Text 属性为"提交"。

(8)拖动一个 Label 控件到 Table 控件的第 2 列中,修改该 Label 控件的(ID)属性为 Lmessage,删除该 Label 控件 Text 属性中的文字。

2. 用户登录界面代码设计

双击 Panel 控件中的"提交"按钮控件,打开 default. aspx. cs 代码设计窗口。下面还是以模板方式编写用户登录代码,其中带下画线的部分是根据不同情况需要修改的内容,其他部分代码可以照搬。

(1) 插入"using System. Data. SqlClient;"语句

像 8.3.2 小节那样在 using 部分插入"using System. Data. SqlClient;"语句。

(2) 编写登录代码

在

```
protected void Button1_Click(object sender, EventArgs e)
    {

    }
```

中添加代码行,添加后的该处理过程代码如下:

```
protected void Button1_Click(object sender, EventArgs e)
    {
    string Cusername = Tusername.Text;
    string Cpass = TPass.Value;
    string str = "Data Source = .;Initial Catalog = comp;Integrated Security = True;";
    string sqlstr = "select yhflag,xm,xb from ygong where ygid = '" + Cusername + "'" + " and
    yhpass = '" + Cpass + "'";
    SqlConnection conn = new SqlConnection(str);
    SqlCommand cmd = new SqlCommand(sqlstr, conn);
    SqlDataAdapter dapt = new SqlDataAdapter(cmd);
    DataSet ds = new DataSet();
    dapt.Fill(ds, "yh");
    conn.Close();
        int n = ds.Tables["yh"].Rows.Count;
        if (n > 0)
            {
            string ff = ds.Tables["yh"].Rows[0]["yhflag"].ToString();
            //以下 11 行可以省略
            string Cxm = ds.Tables["yh"].Rows[0]["xm"].ToString();
            string Cxb = ds.Tables["yh"].Rows[0]["xb"].ToString();
            string ch = "";
             if (Cxb = = "男")
            {
                ch = "先生";
            }
            else
            {
                ch = "女士";
            }
            if(ff = = "1")
            {
                LinkButton1.Enabled = True;
                LinkButton2.Enabled = True;
                LinkButton3.Enabled = True;
                Lmessage.Text = "欢迎" + Cxm.Trim() + ch "使用公司业务管理系统,你是普
                通用户,只能进行信息浏览!";
```

```
            }
            if (ff = = "2")
            {
                LinkButton1.Enabled = True;
                LinkButton2.Enabled = True;
                LinkButton3.Enabled = True;
                LinkButton4.Enabled = True;
                LinkButton5.Enabled = True;
                LinkButton6.Enabled = True;
                LinkButton7.Enabled = True;
                LinkButton8.Enabled = True;
                Lmessage.Text = "欢迎" + Cxm.Trim() + ch "使用公司业务管理系统,你是管
                理员用户,在修改数据时请注意数据的正确性,慎重执行删除记录操作!";
            }
        }
    else
        {
            Lmessage.Text = "用户代号或密码错误,请找管理员协助!";
        }
}
```

带下画线的内容都是与本系统有关的。其中:

① 本系统中连接的数据库是 comp,在其他系统中则需要根据使用的数据库名替换下面语句中的 comp:

```
string str = "Data Source = .;Initial Catalog = comp;Integrated Security = True;";
```

② 构建 select 查询语句:

```
string sqlstr = "select yhflag,xm,xb from ygong where ygid = '" + Cusername + "'" + " and yhpass = '" +
Cpass + "'";
```

用于构建 select 查询语句,组织方法和 8.3.1 小节中 SQL 语句的构建方法是相同的,假如:

```
Cusername = '02010004', Cpass = '010004'
```

这里构建的 SQL 语句应该是:

```
select yhflag,xm,xb from ygong where ygid = '02010004' and yhpass = '010004'
```

带下画线的 yhid、xm、xb、yhpass、yhflag 都是 comp 数据库中 ygong 表中的字段名,在其他系统中这些内容需要根据实际情况替换。

```
③ string ff = ds.Tables["yh"].Rows[0]["yhflag"].ToString();
    string Cxm = ds.Tables["yh"].Rows[0]["xm"].ToString();
    string Cxb = ds.Tables["yh"].Rows[0]["xb"].ToString();
    string ch = "";
            if (Cxb = = "男")
            {
                ch = "先生";
            }
```

```
          else
          {
              ch = "女士";
          }
```

　　第 1 行代码是取出 select 语句查询结果中 ygflag 字段的内容存放在 ff 字符串变量中，第 2 行代码是取出 select 语句查询结果中 xm 字段的内容存放在 Cxm 字符串变量中，第 3 行代码是取出 select 语句查询结果中 xb 字段的内容存放在 ch 字符串变量中。从第 2 行以后的内容都是为 Lmessage 控件中显示信息准备的，在其他系统中可能不需要。

④　if (ff = = "1")
```
              {
                  LinkButton1.Enabled = True;
                  LinkButton2.Enabled = True;
                  LinkButton3.Enabled = True;
                  Lmessage.Text = "欢迎" + Cxm.Trim( ) + ch + "使用公司业务管理系统,
                  你是普通用户,只能进行信息浏览!";
              }
```

　　ff 存放的是 select 语句查询结果中 ygflag 字段的内容，根据 8.4.2 小节系统安全性设计，ygflag＝"1"，则登录用户为普通用户，所以将 LinkButton1、LinkButton2、LinkButton3 控件的 Enabled 属性修改为 True，即开放"员工信息浏览"(showygxx. aspx)、"业绩浏览"(showyj. aspx)和"部门信息浏览"(showbminfo. aspx)页面，最后的欢迎语句可以不使用。当普通用户登录进入系统之后的网站首页效果如图 8-29 所示。

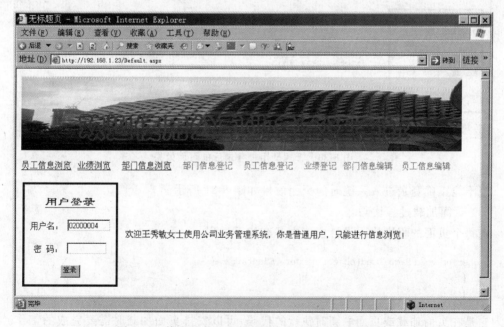

图 8-29　普通用户登录进入系统之后的网站首页效果

⑤　if (ff = = "2")
```
              {
                  LinkButton1.Enabled = True;
```

```
LinkButton2.Enabled = True;
LinkButton3.Enabled = True;
LinkButton4.Enabled = True;
LinkButton5.Enabled = True;
LinkButton6.Enabled = True;
LinkButton7.Enabled = True;
LinkButton8.Enabled = True;
Lmessage.Text = "欢迎" + Cxm.Trim() + ch + "使用公司业务管理系统,
你是管理员用户,在修改数据时请注意数据的正确性,慎重执行删除记录
操作!";
}
```

yhflag 字段中的值="2"时表示登录的用户身份为管理员,所以开放了所有页面。管理员用户登录后的页面效果如图 8-30 所示。

图 8-30　管理员用户登录后的页面效果

当不能正确登录进入系统时的页面效果如图 8-31 所示。

(3) 页面加载过程代码

在每个页面的程序代码设计窗口中都有如下过程:

```
protected void Page_Load(object sender, EventArgs e)
{
}
```

它是在页面加载或页面刷新时执行的代码,可以安排页面加载时需要完成的工作。例如在本系统中,当一个管理员用户登录进入以后,所有的 LinkButton 控件的 Enabled 属性都被设置成了 True,即开放了所有页面。如果在管理员用户没有退出网站时另一个非法的用户在这个首页上登录,是不能登录进入系统的,但是所有的页面对这个用户仍旧开放。解决这个问题的方法就是在页面加载过程中将所有 LinkButton 控件的 Enabled 属性都设置

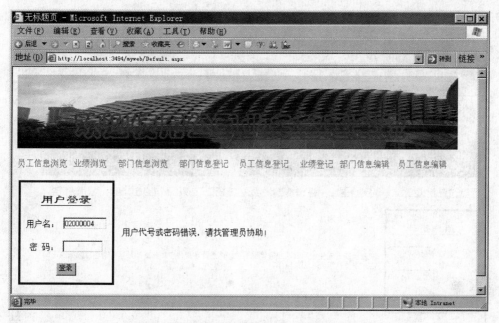

图 8-31 不能正确登录进入系统时的页面效果

成 False。

default.aspx.cs 中的页面加载过程代码如下：

```
protected void Page_Load(object sender, EventArgs e)
    {
        LinkButton1.Enabled = False;
        LinkButton2.Enabled = False;
        LinkButton3.Enabled = False;
        LinkButton4.Enabled = False;
        LinkButton5.Enabled = False;
        LinkButton6.Enabled = False;
        LinkButton7.Enabled = False;
        LinkButton8.Enabled = False;
    }
```

因为有了这段代码,在 8.5.2 小节中对所有 LinkButton 控件的 Enabled 属性设置成 False 的操作就没有必要了。因为只要进入 default.aspx 页面,所有 LinkButton 控件的 Enabled 属性都会被设置成 False。

3. 发布网站

到此为止,用户登录后根据不同的身份只能浏览权限允许的页面。网站设计目标已经达到,所有设计页面已经制作完成,可以将网站发布到服务器了。

在 Visual Studio 2005 工具的菜单栏中选择"生成"|"发布网站"命令,选择远程网站位置,将网站发布到 Web 服务器上。

在本例中,Web 服务器默认网站的 IP 地址是 192.168.1.23。在浏览器地址栏中输入:

http://192.168.1.23

打开本网站,管理员用户登录后打开的网页如图 8-32 所示。

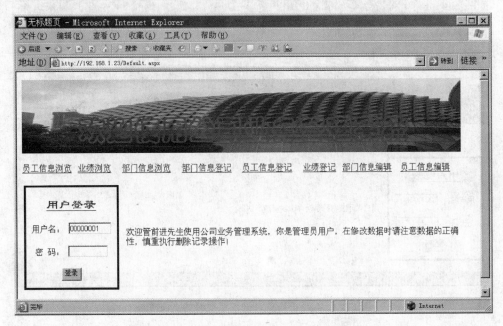

图 8-32　输入 http://192.168.1.23 打开的网页

8.6　防止非法进入网站页面

前面制作的模拟公司业务管理系统网站虽然功能简单,但它是一个完整的网站。尽管完成了制作,网站中依然还存在一个非常大的漏洞,非法用户不通过系统登录便可以访问任何网页。试验一下,如果知道"员工信息编辑"网页的文件名是 editygong.aspx,在登录进入系统没有成功的情况下,在浏览器地址栏中输入:

http://192.168.1.23/editygong.aspx

打开的网页如图 8-33 所示。

存在如此严重漏洞的网站根本无法保障信息安全,这种问题必须解决。下面来解决这个网站的安全漏洞问题。

8.6.1　Session 对象

一个 Web 网站实际上是一个多用户的应用程序。当用户访问一个 Web 网站的时候,为用户和网站应用程序之间首先要建立一个连接,称为会话(Session)。建立了会话连接后,这个用户就被分配了一个唯一的标识 SessionID。在用户和网站之间终止连接之前,该用户的 SessionID 是不变的。用户和网站之间终止连接可能是用户退出网站或超时(20 分钟没有操作)。

在用户和网站应用程序之间建立了连接之后,每个用户拥有属于自己的 Session 变量。用户不能使用其他用户的 Session 变量,而且无论该用户进入网站的哪个页面,都可以使用

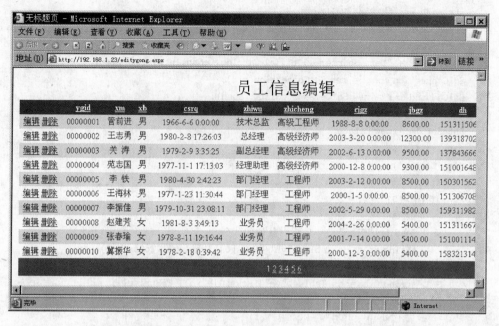

图 8-33 使用 http://192.168.1.23/editygong.aspx 打开的网页

属于他自己的 Session 变量。

Session 变量的使用方法如下。

（1）定义 Session 变量和赋值

Session["变量名"] = 表达式;   // 把表达式的值赋给 Session 变量

例如：

Session["flag"] = 1;   //把常数 1 赋给 Session 变量 flag

（2）使用 Session 变量

变量名 = Session["变量名"];

例如：

int n = Session["flag"];   // 将 Session 变量 flag 的值赋给整型变量 n

没有进行过赋值的 Session 变量为空值（null）。

8.6.2 利用 Session 变量修补网站漏洞

1. 修改用户登录代码

修改模拟公司业务管理系统网站的登录代码如下：

```
protected void Button1_Click(object sender, EventArgs e)
    {
        string Cusername = Tusername.Text;
```

```
string Cpass = TPass.Value;
string sqlstr = "select yhflag,xm from ygong where ygid = '" + Cusername + "'" + " and yhpass =
'" + Cpass + "'";
string str = "Data Source = .;Initial Catalog = comp;Integrated Security = True;";
SqlConnection conn = new SqlConnection(str);
SqlCommand cmd = new SqlCommand(sqlstr, conn);
SqlDataAdapter dapt = new SqlDataAdapter(cmd);
DataSet ds = new DataSet();
dapt.Fill(ds, "yh");
conn.Close();
    int n = ds.Tables["yh"].Rows.Count;
    if (n > 0)
        {
        Session["flag"] = 1;    //新增的代码
        string ff = ds.Tables["yh"].Rows[0]["yhflag"].ToString();
        string Cxm = ds.Tables["yh"].Rows[0]["xm"].ToString();
        string Cxb = ds.Tables["yh"].Rows[0]["xb"].ToString();
        string ch = "";
        if (Cxb == "男")
        {
            ch = "先生";
        }
        else
        {
            ch = "女士";
        }
        if (ff == "1")
        {
            LinkButton1.Enabled = True;
            LinkButton2.Enabled = True;
            LinkButton3.Enabled = True;
            Lmessage.Text = "欢迎" + Cxm.Trim() + ch "使用公司业务管理系统,你是普通
            用户,只能进行信息浏览!";
        }
        if (ff == "2")
        {
            LinkButton1.Enabled = True;
            LinkButton2.Enabled = True;
            LinkButton3.Enabled = True;
            LinkButton4.Enabled = True;
            LinkButton5.Enabled = True;
            LinkButton6.Enabled = True;
            LinkButton7.Enabled = True;
            LinkButton8.Enabled = True;
            Lmessage.Text = "欢迎" + Cxm.Trim() + ch "使用公司业务管理系统,你是管理
            员用户,在修改数据时请注意数据的正确性,慎重执行删除记录操作!";
        }
    }
```

```
    else
      {
          Lmessage.Text = "用户代号或密码错误,请找管理员协助!";
      }
}
```

在处理代码中仅增加了一行代码:

```
Session["flag"] = 1;
```

意思是当合法的用户登录成功后,给该用户的 Session 变量 flag 赋值为数值1。

2. 修改其他页面中页面加载过程代码

在网站首页之外的其他页面中,在页面加载过程代码中都加入如下一段代码:

```
if (Session["flag"] = = null)
   {
       Response.Redirect("default.aspx");
   }
```

加入之后最简单的页面加载过程代码如下:

```
protected void Page_Load(object sender, EventArgs e)
  {
    if (Session["flag"] = = null)
     {
         Response.Redirect("default.aspx");
     }
  }
```

这段代码的意思是,如果 Session 变量 flag 的值为 null,则转到网站首页 default. aspx 去。对于合法登录进入网站的用户,用户的 Session 变量 flag 的值为1,而不通过登录直接进入页面的用户,由于没有为他的 Session 变量 flag 进行过赋值操作,所以该变量的值为 null。虽然在浏览器地址栏中加入了网页文件名,但是加载该页面时由于他的 Session 变量 flag 的值是 null,所以被转到网站首页,这样就避免了未登录的用户进入网站可以访问网页。

3. 重新发布网站

经过如上改进之后,需要重新发布网站。在重新发布网站之后,再使用 http://192. 168.1.23/editygong. aspx 直接进入 editygong. aspx 页面时,打开的将是网站首页。

8.7 小 结

本章介绍了使用 ASP. NET 技术开发简单数据库应用系统的方法。为了适应管理类专业人员的特点,重点介绍了无编码页面开发技术和模板式动态网页制作技术。通过示例方式介绍了如何开发一个简单的数据库应用系统,包括系统设计、系统安全设计、数据库设计、用户界面制作、网页处理程序代码编写及测试发布。

8.8 上机习题

1. 在 Windows 系统的 E 盘中新建 Myweb 文件夹,在 Myweb 文件夹内新建一个 Images 文件夹。每次上机作业结束后,将 E:\Myweb 文件夹中的内容复制到自己的 U 盘上,下次做上机作业时,再将 U 盘上的 Myweb 文件夹复制到 E 盘中。在 Microsoft Visual Studio 2005 中新建"ASP. NET 网站",网站文件夹指定为 E:\Myweb。

2. 从 Internet 上搜索下载一张图片存放到 Myweb\Images 文件夹中,仿照 8.1.2 小节制作一个公司网站首页 Default. aspx。

3. 使用 comp 数据库中的 bminfo 数据表制作"部门信息浏览"网页 showbminfo. aspx。

4. 利用例 7-3 在 comp 数据库中创建的视图 yginfo,制作"员工信息浏览"网页 showygxx. aspx。显示字段包括:员工编号、姓名、性别、参加工作时间、职务、职称、所在部门,要求分页显示。

5. 利用例 7-1 在 comp 数据库中创建的视图 ygyj,制作"员工业绩信息"浏览网页 showyj. aspx。显示字段包括:员工编号、姓名、性别、日期、业绩,要求分页显示。

6. 使用 6.6 节习题 3 创建的 userinfo 数据表,制作一个修改用户密码、类别的网页 edituser. aspx。

7. 采用模板制作方式使用 comp 数据库中的 bminfo 数据表制作"部门信息登记"网页 appendbminfo. aspx。

8. 使用 comp 数据库中的 bminfo 数据表制作"部门信息编辑"网页 editbminfo. aspx。

9. 使用 6.6 节习题 3 创建的 userinfo 数据表,制作用户注册网页 appenduserinfo. aspx。

10. 仿照 8.5.2 小节内容改进习题 2 中制作的网站首页 Default. aspx。导航栏控件的 Enabled 属性保持为 True。要求导航栏设置的链接页面如下。

员工信息浏览:showygxx. aspx

业绩浏览:showyj. aspx

部门信息浏览:showbminfo. aspx

部门信息登记:appendbminfo. aspx

员工信息登记:appendygxx. aspx

业绩登记:appendyj. aspx

部门信息编辑:editbminfo. aspx

员工信息编辑:editygong. aspx

用户注册:appenduserinfo. aspx

修改密码:edituser. aspx

在程序代码文件中完成超链接代码的添加,测试网页,单击各个超链接都应该能够正确打开相应网页。

11. 使用 userinfo 数据表完成用户登录模块设计。要求在登录成功后,根据用户的类别确定其可以浏览的页面,而且用户不能绕过登录页面进入其他的网页。

第9章 综合实训

9.1 实训项目：业务信息管理应用系统

某公司是一个经营性企业，年利润在 1000 万元左右。员工数百名，有职能部门若干个。全公司集中在同一园区的若干建筑物内。公司组建了内部网络，计划开发公司的业务信息管理系统。公司目前的计算机设备及软件状况如下：

（1）购置了 Windows Server 2003 SP1 软件。

（2）购置了数据库管理系统 SQL Server 2005 企业版。

（3）购置了开发工具软件 Microsoft Visual Studio 2005。

（4）购置了 PC 服务器一台作为公司网站服务器。另为项目开发小组购置了 4 台 PC 作为开发计算机使用。内部网络连接以及项目开发组的设备及网络连接情况如图 9-1 所示。

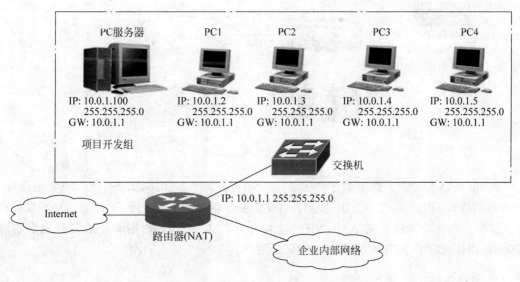

图 9-1 设备及网络连接

PC 服务器以及各 PC 上已经安装了 Windows Server 2003 SP1、SQL Server 2005 和 Microsoft Visual Studio 2005。在 PC 服务器中还安装了证书服务。

9.2 实 训 任 务

组织方式：每 5 人组成一个项目开发小组。

9.2.1 实训任务一：网络及软件环境准备

1. 实验室实训环境

根据公司网络连接情况，实验室实训环境如图 9-2 所示。

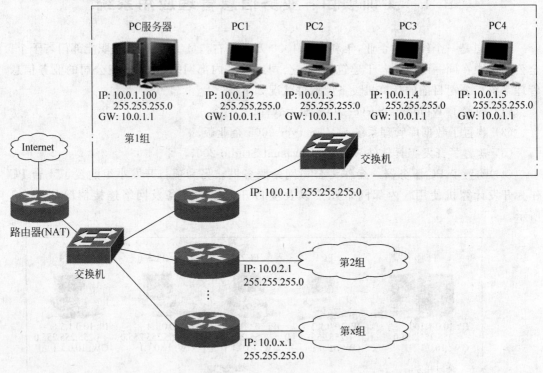

图 9-2 实验室实训环境

PC 服务器和 PC 上都安装了 Windows Server 2003 SP1、SQL Server 2005 企业版、Microsoft Visual Studio 2005、IIS 服务。在 PC 服务器上还安装了 FTP 服务、DNS 服务和证书服务。每台计算机上的 ASP. NET 版本均为 2.0.50727；数据库登录名列表中包含 NT AUTHORITY\NETWORK SERVICE 用户。

2. 网络连接

完成计算机与交换机之间的线路连接。
使用的工具及材料如下：

（1）材料

UTP 5 类以上双绞线电缆 20m

RJ-45 水晶头 15 个

RJ-45 水晶头护套 10 个

（2）工具

压线钳 1 把

电缆测试仪 1 个

使用 EIA/TIA-568B 标准制作 5 条直通网线,使用电缆测试仪测试网线制作正确后,将 PC 服务器和 4 台 PC 连接到交换机上。

实训指导

（1）EIA/TIA-568B 标准线序排列为：橙白、橙、绿白、蓝、蓝白、绿、棕白、棕。

（2）制作网线一定要细心。剥除电缆外层护套长度约 20mm 为宜,待芯线捋直摆平后, 使用压线钳切线口剪齐排列好的 8 根线,剩余不绞合电缆长度约 12mm 为宜。

（3）确认线序排列正确和剪切面齐整后,将芯线用力插入水晶头中。检查线序无误后 再压接。压接要用力。

（4）压接后检查水晶头上的金属片是否平整。

（5）使用电缆测试仪测试某根线不通时,可以再使用压线钳用力压接试试。确实无法 连通时,可剪掉重做。

3. 计算机 TCP/IP 属性配置

（1）使用 administrator 用户名登录 Windows Server 2003 系统。

（2）打开计算机的 TCP/IP 属性设置对话框配置 IP 地址、子网掩码（Mask）、默认网关 和 DNS。

（3）TCP/IP 属性配置完成后,各台计算机都应该能够访问 Internet 中的网站。

实训指导

（1）每台计算机的 IP 地址要根据分配的 IP 地址配置,其中第 3 个点分十进制数是分 组的编号。例如第 1 组是 10.0.1.x,第 5 组的 IP 地址应该是 10.0.5.x。

（2）PC 服务器的 IP 地址都配置为 10.0.x.100。

（3）子网掩码都使用 255.255.255.0。

（4）默认网关都要配置成 10.0.x.1。

（5）DNS 配置要参考本地网络的 DNS 地址。

4. 检查软件环境配置

（1）在 PC 服务器上使用 administrator 登录 Windows 系统,完成如下检查。

① 启动 SQL Server Management Studio,检查是否能够连接上数据库引擎。

② 检查数据库登录名列表中是否有 NT AUTHORITY\NETWORK SERVICE 用户, 如果没有,添加该用户登录名（参考 8.1.1 小节）。

③ 在 IIS"默认网站属性"对话框的 ASP.NET 选项卡中检查 ASP.NET 版本是否为 2.0.50727,如果不是,需进行调整。

④ 确认系统中安装了 FTP、DNS 服务。

⑤ 确认系统中安装了证书服务。

⑥ 启动 Microsoft Visual Studio 2005，制作一个简单的页面测试是否能够运行。

（2）在 PC 上使用 administrator 登录 Windows 系统，完成如下检查。

① 启动 SQL Server Management Studio，检查是否能够连接上数据库引擎。

② 检查数据库登录名列表中是否有 NT AUTHORITY\NETWORK SERVICE 用户。

③ 在 IIS"默认网站属性"对话框的 ASP.NET 选项卡中检查 ASP.NET 版本是否为 2.0.50727。

④ 启动 Microsoft Visual Studio 2005，制作一个简单的页面测试是否能够运行。

9.2.2 实训任务二：网络服务配置

在 PC 服务器上完成以下网络服务配置。

1. 配置 Web 服务器

配置默认网站的 IP 地址、TCP 端口、主目录和文档属性。

2. 配置 FTP 服务器

配置 FTP 服务器的默认站点属性，包括 IP 地址、端口。将主目录设置为 Web 默认网站的主目录，并设置对主目录的读、写权限。通过安全账户设置禁止匿名登录。

3. 配置 DNS 服务器

（1）配置 DNS 服务器的正向查找区域和转发器。将本地 DNS 服务器地址添加到转发器列表框中。

（2）为 Web 服务器注册域名 www.pracx；为 FTP 服务器注册域名 ftp.pracx，x 为分组编号。

（3）重新配置所有计算机 TCP/IP 属性中的 DNS。

（4）使用域名地址测试是否能够登录 FTP 站点。

9.2.3 实训任务三：项目实例化设计

1. 实例化公司

根据所学专业方向，将实训项目中的公司进行实例化设计。详细描述公司的名称、经营的业务，提出业务信息管理系统的用户功能需求，即确定利用开发的应用系统完成对特定信息的管理，以及要完成的管理功能。

实训指导

根据专业方向，针对熟悉的业务，设计业务信息管理系统。例如：

物流查询系统

速递查询系统

托运单管理系统

员工信息管理系统

货物仓储管理系统

车辆信息管理系统

订单信息管理系统

客户资源管理系统

采购管理系统

……

注意设计的系统不要过于复杂以至于不能完成系统的设计与开发。例如要设计一个公司财务管理系统，如果系统中涉及账目登记、核算等，对于管理类学员一般不能完成这样的系统开发。

2．系统数据存储结构设计

根据用户需求，分析数据的存储需求与构成，完成下列设计。

（1）数据库名称。

（2）数据表名称、表结构。

（3）数据表内的字段约束。

（4）需要构建的视图名称、结构。

3．系统总体设计

根据用户需求，分析系统需要实现的功能，完成如下设计任务。

（1）系统中的功能模块和页面文件名，模块中使用的数据表或视图名称。

（2）系统安全设计。设计系统中的网页浏览权限及实现方法。

9.2.4　实训任务四：数据库准备

1．开发 PC 上的数据库

在开发用 PC 上的数据库管理系统中完成如下工作。

（1）根据数据库设计，创建数据库。

（2）根据数据表设计，创建表结构。

（3）设置表字段的约束关系。

（4）向数据表中录入初始模拟数据。模拟数据不仅要有一定的数量，而且数据要合理。对于初始状态不需要数据的表可以不录入数据。

（5）创建项目需要的视图。

2．将数据库附加到 PC 服务器上

将在开发 PC 中创建的数据库附加到网站服务器 PC 服务器上。

9.2.5 实训任务五：网站开发

1. 制作网页

(1) 根据系统总体设计,利用无编码网页制作技术和模板式网页制作技术完成系统中各个功能模块页面的制作。

(2) 完成网站首页的用户界面设计和制作,完成用户登录模块网页的制作。

(3) 将网站发布到开发 PC 的默认网站目录中,在开发 PC 上测试网站的功能实现情况。

2. 发布网站

(1) 在本地测试无误后,将开发 PC 上默认网站目录中的所有文件复制或利用 FTP 传送到 PC 服务器的默认网站目录中。

(2) 使用域名地址浏览和测试发布到 PC 服务器中的网站。

9.2.6 实训任务六：设置网站的安全访问内容

1. 网站服务器身份验证配置

(1) 为 PC 服务器中的默认 Web 网站申请证书。

(2) 在证书服务器中为 Web 服务器颁发证书及导出证书。

(3) 给 Web 网站安装服务器证书。

(4) 设置 Web 网站的安全访问内容。

(5) 设置客户端"要求客户端证书"。

2. 客户端身份验证配置

(1) 在客户端申请一个 Web 浏览器证书。

(2) 在证书服务器中为 Web 浏览器颁发证书。

(3) 在浏览器上安装证书。

3. 使用 HTTPS 协议浏览网站

9.3 实 训 报 告

实训小组编号：第　　　组

项目组成员：(组长)

1. 网络连接与配置

项　目	PC 服务器	PC1	PC2	PC3	PC4
IP 地址					
子网掩码					
默认网关					
DNS					
能否访问 Internet					

2. 系统环境检查

项　目	PC 服务器	PC1	PC2	PC3	PC4
启动 SQL Server Management Studio					
启动 Microsoft Visual Studio 2005					
ASP. NET 版本					
数据库中的登录用户：NT AUTHORITY\ NETWORK SERVICE					
FTP 服务					
DNS 服务					
证书服务					
本机上 ASP. NET 网页测试					

3. PC 服务器上的网络服务配置

（1）Web 默认网站

IP 地址：

TCP 端口：

网站主目录：

默认文档是否包含 default. aspx：

（2）FTP 默认站点

IP 地址：

TCP 端口：

站点主目录：　　　　　　　　　　权限：

允许匿名访问：

登录账户：　　　　　　　　　　　密码：

（3）DNS 服务

正向查找区域名称：

转发器的 IP 地址列表：

Web 服务器域名：　　　　　　　IP 地址：

FTP 服务器域名：　　　　　　　IP 地址：

TCP/IP 属性中的 DNS 配置：

项 目	PC 服务器	PC1	PC2	PC3	PC4
DNS 配置					
域名地址测试					

4．项目用户需求设计

（1）公司简介
（2）项目名称
（3）用户需求

5．系统数据存储结构设计

（1）数据库名称
（2）数据表结构设计

数据表名称：

数据项名称	字段名	类型（长度）	允许空值	约束关系	备 注
用户编号	userID	Nchar(6)	否	主键约束	（本行为举例）

（3）视图设计

视图名称	使用的基表	视图输出字段

6．系统总体设计

（1）系统功能模块设计

模块名称	网页文件名	使用的表或视图	实现功能描述

（2）系统安全设计

7. 初始模拟数据报告

（描述各个数据表中的初始数据设置情况、记录条数并进行合理性论述）

8. 网站设计与发布报告

（描述将系统发布到 PC 服务器上之后，使用域名地址访问网站的运行测试情况，给出所有网页的运行效果截图及说明）

9. 网站安全访问配置

（1）网站服务器身份验证配置

① 申请 Web 服务器证书。

证书名称：

密钥位长：

单位信息：

站点公用名称：

证书请求文件名及路径：

向 CA 申请 Web 服务器证书的网址：

申请证书类型：

使用的证书申请文件：

② 导出证书。

导出文件格式：

保存的证书文件名、路径：

③ 安装 Web 服务器证书。

证书文件名、路径：

SSL 端口号：

证书详细信息：

（2）Web 网站的安全访问配置

Web 网站的安全通信配置：

10. 客户端身份验证配置

（1）申请 Web 浏览器证书

CA 证书颁发机构网址：

申请证书类型：

证书用户信息：

（2）安装 Web 浏览器证书

Web 浏览器证书颁发的日期、时间：

证书详细信息：

11. 在 PC 上访问 PC 服务器上的网站进行测试

（1）使用 HTTP 协议访问

（2）使用 HTTPS 协议访问

12. 实训体会

13. 素质训练自我评价报告

素质训练自我评价报告表

报告人信息：

项　　目	内　　容	自 我 评 价				
		5	4	3	2	1
专业素质、能力	网线制作技能					
	TCP/IP 属性配置技能					
	网络服务配置技能					
	用户需求设计能力					
	数据库设计能力					
	数据库操作能力					
	系统总体设计能力					
	无编码网页开发能力					
	模板式网页开发能力					
	网站发布能力					
	网站安全访问的概念					
	网站服务器身份验证配置能力					
	客户端身份验证配置能力					
综合素质	团队协作意识					
	积极参与意识					
	独立工作能力					
	资料阅读与分析能力					
	交流与沟通及组织能力					
	职业道德(维护工作现场秩序)					
	遵纪意识					
综合评价	总分(100)					

参 考 文 献

[1] 田庚林. 计算机网络技术基础[M]. 北京：清华大学出版社，2009.

[2] 田庚林，曹素丽，张翠轩. 网络数据库技术[M]. 北京：清华大学出版社，2010.

[3] Microsoft SQL Server 2005 联机教程.

[4] Microsoft Visual Studio 2005 MSDN 帮助文档.